猪场防疫消毒无害化处理技术

ZHUCHANG FANGYI XIAODU WUHAIHUA CHULI JISHU

王振来　主编

中国科学技术出版社
·北　京·

图书在版编目（CIP）数据

猪场防疫消毒无害化处理技术 / 王振来主编 .—北京：中国科学技术出版社，2017.8

ISBN 978-7-5046-7582-8

Ⅰ. ①猪…　Ⅱ. ①王…　Ⅲ. ①养猪场—防疫 ②养猪场—消毒　Ⅳ. ① S858.28

中国版本图书馆 CIP 数据核字（2017）第 172719 号

策划编辑	乌日娜
责任编辑	乌日娜
装帧设计	中文天地
责任印制	徐　飞

出　　版	中国科学技术出版社
发　　行	中国科学技术出版社发行部
地　　址	北京市海淀区中关村南大街16号
邮　　编	100081
发行电话	010-62173865
传　　真	010-62173081
网　　址	http://www.cspbooks.com.cn

开　　本	889mm × 1194mm　1/32
字　　数	139千字
印　　张	6
版　　次	2017年8月第1版
印　　次	2017年8月第1次印刷
印　　刷	北京威远印刷有限公司
书　　号	ISBN 978-7-5046-7582-8 / S · 654
定　　价	22.00元

本书编委会

主　编

王振来

编著者

王　萍　王英利　王建军　包　青
朱　博　刘　力　刘　博　刘天驹
刘怡菲　米振杰　李文香　李志平
李肖莉　李研东　李晓东　杨海华
吴志国　吴秀存　张子佳　张玉新
张永辉　张克新　张秋喜　张洪发
张瑞金　金世清　赵克强　钟艳玲
聂　斌　郭旭明　郭秀丽　曹秀梅
梁小东　程保建　傅常春　靳会珍

Preface 前言

近年来，我国养猪业的发展十分迅猛，特别是在饲养方式、生产规模、经营方式和技术水平等方面经历了深刻的变化，而且更加关注猪肉产品的质量安全。特别是近年来国内外动物疫病频繁发生，如何有效控制养猪场发生动物疫病的风险，是目前各级有关部门、养猪场主等都在积极研究和探索的问题。科学合理的饲养管理、免疫接种、消毒灭源、药物预防、无害化处理等，是当前养猪生产过程中最直接、最有效的防控措施。

本书结合当前养猪业的生产现状，重点围绕养猪生产的动物防疫条件、免疫接种、消毒灭源、药物预防、无害化处理、规范管理等，用一些墨线图和照片反映防疫、消毒、无害化处理关键技术，主要以演示操作为主，让读者看着图就可操作。针对性强、简明易懂、操作方便，同时兼顾了系统性、科学性，并借鉴了近年来养猪科学研究的新成果、新技术。在生猪标准化生产技术上，力求做到理论联系实际，具有先进性、实用性和可操作性，供广大基层技术人员和养猪场主（专业户）参考。

由于时间仓促，加之编者水平有限，书中难免有疏漏之处，敬请批评指正！

编 著 者

Contents 目录

第一章 概 述

一、法定义务和法律责任

（一）动物防疫的法定义务和法律责任

1. 动物疫病的预防

①饲养动物的单位和个人应当依法履行动物疫病强制免疫义务，按照兽医主管部门的要求做好强制免疫工作。经强制免疫的动物，应当按照国务院兽医主管部门的规定建立免疫档案，加施猪标识，实施可追溯管理。

②动物疫病预防控制机构应当按照国务院兽医主管部门的规定，对动物疫病的发生、流行等情况进行监测；从事动物饲养、屠宰、经营、隔离、运输以及动物产品生产、经营、加工、贮藏等活动的单位和个人不得拒绝或者阻碍。

③从事动物饲养、屠宰、经营、隔离、运输以及动物产品生产、经营、加工、贮藏等活动的单位和个人，应当依照《中华人民共和国动物防疫法》（以下简称《动物防疫法》）和国务院兽医主管部门的规定，做好免疫、消毒等动物疫病预防工作。

④种用、乳用动物和宠物应当符合国务院兽医主管部门规定的健康标准。种用、乳用动物应当接受动物疫病预防控制机构的定期检测；检测不合格的，应当按照国务院兽医主管部门的规定予以

处理。

⑤动物饲养场（养殖小区）和隔离场所，动物屠宰加工场所，以及动物和动物产品无害化处理场所，应当符合下列动物防疫条件：场所的位置与居民生活区、生活饮用水源地、学校、医院等公共场所的距离符合国务院兽医主管部门规定的标准；生产区封闭隔离，工程设计和工艺流程符合动物防疫要求；有相应的污水、污物、病死动物、染疫动物产品的无害化处理设施设备和清洗消毒设施设备；有为其服务的动物防疫技术人员；有完善的动物防疫制度；具备国务院兽医主管部门规定的其他动物防疫条件。

⑥兴办动物饲养场（养殖小区）和隔离场所，动物屠宰加工场所，以及动物和动物产品无害化处理场所，应当向县级以上地方人民政府兽医主管部门提出申请，并附具相关材料。受理申请的兽医主管部门应当依照《动物防疫法》和《中华人民共和国行政许可法》的规定进行审查。经审查合格的，发给动物防疫条件合格证；不合格的，应当通知申请人并说明理由。需要办理工商登记的，申请人凭动物防疫条件合格证向工商行政管理部门申请办理登记注册手续。动物防疫条件合格证应当载明申请人的名称、场（厂）址等事项。

⑦动物、动物产品的运载工具、垫料、包装物、容器等应当符合国务院兽医主管部门规定的动物防疫要求。染疫动物及其排泄物、染疫动物产品，病死或者死因不明的动物尸体，运载工具中的动物排泄物以及垫料、包装物、容器等污染物，应当按照国务院兽医主管部门的规定处理，不得随意处置。

⑧采集、保存、运输动物病料或者病原微生物以及从事病原微生物研究、教学、检测、诊断等活动，应当遵守国家有关病原微生物实验室管理的规定。

⑨患有人畜共患传染病的人员不得直接从事动物诊疗以及易感染动物的饲养、屠宰、经营、隔离、运输等活动。

⑩禁止屠宰、经营、运输下列动物和生产、经营、加工、贮

藏、运输下列动物产品：封锁疫区内与所发生动物疫病有关的；疫区内易感染的；依法应当检疫而未经检疫或者检疫不合格的；染疫或者疑似染疫的；病死或者死因不明的；其他不符合国务院兽医主管部门有关动物防疫规定的。

2. 动物疫情的报告和发布

①从事动物疫情监测、检验检疫、疫病研究与诊疗以及动物饲养、屠宰、经营、隔离、运输等活动的单位和个人，发现动物染疫或者疑似染疫的，应当立即向当地兽医主管部门、动物卫生监督机构或者动物疫病预防控制机构报告，并采取隔离等控制措施，防止动物疫情扩散。其他单位和个人发现动物染疫或者疑似染疫的，应当及时报告。

②国务院兽医主管部门负责向社会及时公布全国动物疫情，也可以根据需要授权省、自治区、直辖市人民政府兽医主管部门公布本行政区域内的动物疫情。其他单位和个人不得发布动物疫情。

③任何单位和个人不得瞒报、谎报、迟报、漏报动物疫情，不得授意他人瞒报、谎报、迟报动物疫情，不得阻碍他人报告动物疫情。

3. 动物疫病的控制和扑灭 疫区内有关单位和个人，应当遵守县级以上人民政府及其兽医主管部门依法作出的有关控制、扑灭动物疫病的规定。任何单位和个人不得藏匿、转移、盗掘已被依法隔离、封存、处理的动物和动物产品。

4. 动物和动物产品的检疫

①屠宰、出售或者运输动物以及出售或者运输动物产品前，货主应当按照国务院兽医主管部门的规定向当地动物卫生监督机构申报检疫。动物卫生监督机构接到检疫申报后，应当及时指派官方兽医对动物、动物产品实施现场检疫；检疫合格的，出具检疫证明、加施检疫标志。

②屠宰、经营、运输以及参加展览、演出和比赛的动物，应当附有检疫证明；经营和运输的动物产品，应当附有检疫证明、检疫

标志。

③经铁路、公路、水路、航空运输动物和动物产品的，托运人托运时应当提供检疫证明；没有检疫证明的，承运人不得承运。运载工具在装载前和卸载后应当及时清洗、消毒。

④输入到无规定动物疫病区的动物、动物产品，货主应当按照国务院兽医主管部门的规定向无规定动物疫病区所在地动物卫生监督机构申报检疫，经检疫合格的，方可进入。

⑤跨省、自治区、直辖市引进乳用动物、种用动物及其精液、胚胎、种蛋的，应当向输入地省、自治区、直辖市动物卫生监督机构申请办理审批手续，并依照本法规定取得检疫证明。跨省、自治区、直辖市引进的乳用动物、种用动物到达输入地后，货主应当按照国务院兽医主管部门的规定对引进的乳用动物、种用动物进行隔离观察。

⑥人工捕获的可能传播动物疫病的野生动物，应当报经捕获地动物卫生监督机构检疫，经检疫合格的，方可饲养、经营和运输。

⑦经检疫不合格的动物、动物产品，货主应当在动物卫生监督机构监督下按照国务院兽医主管部门的规定处理，处理费用由货主承担。

5. 监督管理

①动物卫生监督机构依照本法规定，对动物饲养、屠宰、经营、隔离、运输以及动物产品生产、经营、加工、贮藏、运输等活动中的动物防疫实施监督管理。

②动物卫生监督机构执行监督检查任务，可以采取下列措施，有关单位和个人不得拒绝或者阻碍：对动物、动物产品按照规定采样、留验、抽检；对染疫或者疑似染疫的动物、动物产品及相关物品进行隔离、查封、扣押和处理；对依法应当检疫而未经检疫的动物实施补检；对依法应当检疫而未经检疫的动物产品，具备补检条件的实施补检，不具备补检条件的予以没收销毁；查验检疫证明、检疫标志和猪标识；进入有关场所调查取证，查阅、复制与动物防

疫有关的资料。

③禁止转让、伪造或者变造检疫证明、检疫标志或者猪标识。

6. 法律责任 按照《动物防疫法》有关规定，对于违反规定者应当承担相应的法律责任。

①违反动物防疫法规定，有下列行为之一的，由动物卫生监督机构责令改正，给予警告；拒不改正的，由动物卫生监督机构代做处理，所需处理费用由违法行为人承担，可以处 1 000 元以下罚款：对饲养的动物不按照动物疫病强制免疫计划进行免疫接种的；种用、乳用动物未经检测或者经检测不合格而不按照规定处理的；动物、动物产品的运载工具在装载前和卸载后没有及时清洗、消毒的。

②违反动物防疫法规定，对经强制免疫的动物未按照国务院兽医主管部门规定建立免疫档案、加施猪标识的，依照《中华人民共和国畜牧法》的有关规定处罚。

③违反动物防疫法规定，不按照国务院兽医主管部门规定处置染疫动物及其排泄物，染疫动物产品，病死或者死因不明的动物尸体，运载工具中的动物排泄物以及垫料、包装物、容器等污染物以及其他经检疫不合格的动物、动物产品的，由动物卫生监督机构责令无害化处理，所需处理费用由违法行为人承担，可以处 3 000 元以下罚款。

④违反动物防疫法规定，关于禁止屠宰、经营、运输动物或者生产、经营、加工、贮藏、运输动物产品的，由动物卫生监督机构责令改正、采取补救措施，没收违法所得和动物、动物产品，并处同类检疫合格动物、动物产品货值金额 1 倍以上 5 倍以下罚款；其中依法应当检疫而未检疫的，依照动物防疫法的规定处罚。

⑤违反动物防疫法规定，有下列行为之一的，由动物卫生监督机构责令改正，处 1 000 元以上 1 万元以下罚款；情节严重的，处 1 万元以上 10 万元以下罚款：兴办动物饲养场（养殖小区）和隔离场所，动物屠宰加工场所，以及动物和动物产品无害化处理场所，未取得动物防疫条件合格证的；未办理审批手续，跨省、自治区、

直辖市引进乳用动物、种用动物及其精液、胚胎、种蛋的；未经检疫，向无规定动物疫病区输入动物、动物产品的。

⑥违反动物防疫法规定，屠宰、经营、运输的动物未附有检疫证明，经营和运输的动物产品未附有检疫证明、检疫标志的，由动物卫生监督机构责令改正，处同类检疫合格动物、动物产品货值金额10%以上50%以下罚款；对货主以外的承运人处运输费用1倍以上3倍以下罚款。参加展览、演出和比赛的动物未附有检疫证明的，由动物卫生监督机构责令改正，处1000元以上3000元以下罚款。

⑦违反动物防疫法规定，转让、伪造或者变造检疫证明、检疫标志或者猪标识的，由动物卫生监督机构没收违法所得，收缴检疫证明、检疫标志或者猪标识，并处3000元以上3万元以下罚款。

⑧违反动物防疫法规定，有下列行为之一的，由动物卫生监督机构责令改正，处1000元以上1万元以下罚款：不遵守县级以上人民政府及其兽医主管部门依法做出的有关控制、扑灭动物疫病规定的；藏匿、转移、盗掘已被依法隔离、封存、处理的动物和动物产品的；发布动物疫情的。

⑨违反动物防疫法规定，从事动物疫病研究与诊疗和动物饲养、屠宰、经营、隔离、运输，以及动物产品生产、经营、加工、贮藏等活动的单位和个人，有下列行为之一的，由动物卫生监督机构责令改正；拒不改正的，对违法行为单位处1000元以上1万元以下罚款，对违法行为个人可以处500元以下罚款：不履行动物疫情报告义务的；不如实提供与动物防疫活动有关资料的；拒绝动物卫生监督机构进行监督检查的；拒绝动物疫病预防控制机构进行动物疫病监测、检测的。

⑩违反动物防疫法规定，构成犯罪的，依法追究刑事责任。违反动物防疫法规定，导致动物疫病传播、流行等，给他人人身、财产造成损害的，依法承担民事责任。

（二）污染防治的法定义务和法律责任

1. 预 防

①禁止在下列区域内建设畜禽养殖场、养殖小区：饮用水水源保护区，风景名胜区；自然保护区的核心区和缓冲区；城镇居民区、文化教育科学研究区等人口集中区域；法律、法规规定的其他禁止养殖区域。

②新建、改建、扩建畜禽养殖场、养殖小区，应当符合畜牧业发展规划、畜禽养殖污染防治规划，满足动物防疫条件，并进行环境影响评价。对环境可能造成重大影响的大型畜禽养殖场、养殖小区，应当编制环境影响报告书；其他畜禽养殖场、养殖小区应当填报环境影响登记表。大型畜禽养殖场、养殖小区的管理目录，由国务院环境保护主管部门商国务院农牧主管部门确定。环境影响评价的重点应当包括：畜禽养殖产生的废弃物种类和数量，废弃物综合利用和无害化处理方案和措施，废弃物的消纳和处理情况以及向环境直接排放的情况，最终可能对水体、土壤等环境和人体健康产生的影响以及控制和减少影响的方案和措施等。

③畜禽养殖场、养殖小区应当根据养殖规模和污染防治需要，建设相应的畜禽粪便、污水与雨水分流设施，畜禽粪便、污水的贮存设施，粪污厌氧消化和堆沤、有机肥加工、制取沼气、沼渣沼液分离和输送、污水处理、畜禽尸体处理等综合利用和无害化处理设施。已经委托他人对畜禽养殖废弃物代为综合利用和无害化处理的，可以不自行建设综合利用和无害化处理设施。未建设污染防治配套设施、自行建设的配套设施不合格，或者未委托他人对畜禽养殖废弃物进行综合利用和无害化处理的，畜禽养殖场、养殖小区不得投入生产或者使用。畜禽养殖场、养殖小区自行建设污染防治配套设施的，应当确保其正常运行。

④从事畜禽养殖活动，应当采取科学的饲养方式和废弃物处理工艺等有效措施，减少畜禽养殖废弃物的产生量和向环境的排放量。

2. 综合利用与治理

①国家鼓励和支持采取粪肥还田、制取沼气、制造有机肥等方法，对畜禽养殖废弃物进行综合利用。

②国家鼓励和支持采取种植和养殖相结合的方式消纳利用畜禽养殖废弃物，促进畜禽粪便、污水等废弃物就地就近利用。

③国家鼓励和支持沼气制取、有机肥生产等废弃物综合利用以及沼渣沼液输送和施用、沼气发电等相关配套设施建设。

④将畜禽粪便、污水、沼渣、沼液等用作肥料的，应当与土地的消纳能力相适应，并采取有效措施，消除可能引起传染病的微生物，防止污染环境和传播疫病。

⑤从事畜禽养殖活动和畜禽养殖废弃物处理活动，应当及时对畜禽粪便、畜禽尸体、污水等进行收集、贮存、清运，防止恶臭和畜禽养殖废弃物渗出、泄漏。

⑥向环境排放经过处理的畜禽养殖废弃物，应当符合国家和地方规定的污染物排放标准和总量控制指标。畜禽养殖废弃物未经处理，不得直接向环境排放。

⑦染疫畜禽以及染疫畜禽排泄物、染疫畜禽产品、病死或者死因不明的畜禽尸体等病害畜禽养殖废弃物，应当按照有关法律、法规和国务院农牧主管部门的规定，进行深埋、化制、焚烧等无害化处理，不得随意处置。

⑧畜禽养殖场、养殖小区应当定期将畜禽养殖品种、规模以及畜禽养殖废弃物的产生、排放和综合利用等情况，报县级人民政府环境保护主管部门备案。环境保护主管部门应当定期将备案情况抄送同级农牧主管部门。

⑨县级以上人民政府环境保护主管部门应当依据职责对畜禽养殖污染防治情况进行监督检查，并加强对畜禽养殖环境污染的监测。乡镇人民政府、基层群众自治组织发现畜禽养殖环境污染行为的，应当及时制止和报告。

⑩对污染严重的畜禽养殖密集区域，市、县人民政府应当制定

综合整治方案，采取组织建设畜禽养殖废弃物综合利用和无害化处理设施、有计划搬迁或者关闭畜禽养殖场所等措施，对畜禽养殖污染进行治理。

⑪因畜牧业发展规划、土地利用总体规划、城乡规划调整以及划定禁止养殖区域，或者因对污染严重的畜禽养殖密集区域进行综合整治，确需关闭或者搬迁现有畜禽养殖场所，致使畜禽养殖者遭受经济损失的，由县级以上地方人民政府依法予以补偿。

3. 激励措施

①县级以上人民政府应当采取示范奖励等措施，扶持规模化、标准化畜禽养殖，支持畜禽养殖场、养殖小区进行标准化改造和污染防治设施建设与改造，鼓励分散饲养向集约饲养方式转变。

②县级以上地方人民政府在组织编制土地利用总体规划过程中，应当统筹安排，将规模化畜禽养殖用地纳入规划，落实养殖用地。国家鼓励利用废弃地和荒山、荒沟、荒丘、荒滩等未利用地开展规模化、标准化畜禽养殖。畜禽养殖用地按农用地管理，并按照国家有关规定确定生产设施用地和必要的污染防治等附属设施用地。

③建设和改造畜禽养殖污染防治设施，可以按照国家规定申请包括污染治理贷款贴息补助在内的环境保护等相关资金支持。

④进行畜禽养殖污染防治，从事利用畜禽养殖废弃物进行有机肥产品生产经营等畜禽养殖废弃物综合利用活动的，享受国家规定的相关税收优惠政策。

⑤利用畜禽养殖废弃物生产有机肥产品的，享受国家关于化肥运力安排等支持政策；购买使用有机肥产品的，享受不低于国家关于化肥的使用补贴等优惠政策。畜禽养殖场、养殖小区的畜禽养殖污染防治设施运行用电执行农业用电价格。

⑥国家鼓励和支持利用畜禽养殖废弃物进行沼气发电，自发自用、多余电量接入电网。电网企业应当依照法律和国家有关规定为沼气发电提供无歧视的电网接入服务，并全额收购其电网覆盖范围内符合并网技术标准的多余电量。利用畜禽养殖废弃物进行沼气发

电的，依法享受国家规定的上网电价优惠政策。利用畜禽养殖废弃物制取沼气或进而制取天然气的，依法享受新能源优惠政策。

⑦地方各级人民政府可以根据本地区实际，对畜禽养殖场、养殖小区支出的建设项目环境影响咨询费用给予补助。

⑧国家鼓励和支持对染疫畜禽、病死或者死因不明畜禽尸体进行集中无害化处理，并按照国家有关规定对处理费用、养殖损失给予适当补助。

⑨畜禽养殖场、养殖小区排放污染物符合国家和地方规定的污染物排放标准和总量控制指标，自愿与环境保护主管部门签订进一步削减污染物排放量协议的，由县级人民政府按照国家有关规定给予奖励，并优先列入县级以上人民政府安排的环境保护和畜禽养殖发展相关财政资金扶持范围。

⑩畜禽养殖户自愿建设综合利用和无害化处理设施、采取措施减少污染物排放的，可以依照《畜禽规模养殖污染防治条例》规定享受相关激励和扶持政策。

4. 法律责任　按照《畜禽规模养殖污染防治条例》有关规定，对于违反规定者应当承担相应的法律责任。

①违反条例规定，在禁止养殖区域内建设畜禽养殖场、养殖小区的，由县级以上地方人民政府环境保护主管部门责令停止违法行为；拒不停止违法行为的，处 3 万元以上 10 万元以下的罚款，并报县级以上人民政府责令拆除或者关闭。在饮用水水源保护区建设畜禽养殖场、养殖小区的，由县级以上地方人民政府环境保护主管部门责令停止违法行为，处 10 万元以上 50 万元以下的罚款，并报经有批准权的人民政府批准，责令拆除或者关闭。

②违反条例规定，畜禽养殖场、养殖小区依法应当进行环境影响评价而未进行的，由有权审批该项目环境影响评价文件的环境保护主管部门责令停止建设，限期补办手续；逾期不补办手续的，处 5 万元以上 20 万元以下的罚款。

③违反条例规定，未建设污染防治配套设施或者自行建设的配

套设施不合格，也未委托他人对畜禽养殖废弃物进行综合利用和无害化处理，畜禽养殖场、养殖小区即投入生产、使用，或者建设的污染防治配套设施未正常运行的，由县级以上人民政府环境保护主管部门责令停止生产或者使用，可以处10万元以下的罚款。

④违反条例规定，有下列行为之一的，由县级以上地方人民政府环境保护主管部门责令停止违法行为，限期采取治理措施消除污染，依照《中华人民共和国水污染防治法》和《中华人民共和国固体废物污染环境防治法》的有关规定予以处罚：将畜禽养殖废弃物用作肥料，超出土地消纳能力，造成环境污染的；从事畜禽养殖活动或者畜禽养殖废弃物处理活动，未采取有效措施，导致畜禽养殖废弃物渗出、泄漏的。

⑤排放畜禽养殖废弃物不符合国家或者地方规定的污染物排放标准或者总量控制指标，或者未经无害化处理直接向环境排放畜禽养殖废弃物的，由县级以上地方人民政府环境保护主管部门责令限期治理，可以处5万元以下的罚款。县级以上地方人民政府环境保护主管部门做出限期治理决定后，应当会同同级人民政府农牧等有关部门对整改措施的落实情况及时进行核查，并向社会公布核查结果。

⑥未按照规定对染疫畜禽和病害畜禽养殖废弃物进行无害化处理的，由动物卫生监督机构责令无害化处理，所需处理费用由违法行为人承担，可以处3000元以下的罚款。

二、无公害生猪生产

（一）无公害猪肉生产的关键环节

1. 实行生猪科学饲养模式控制 确保生猪种质优良健康，基地采取种养结合、自繁自养、全进全出的饲养模式，并按无公害饲养标准对生猪饲养基地的环境、空气、水质定期进行检验检测。

2. 开展动物疫病监测 对生猪养殖基地开展猪瘟、口蹄疫等重大人畜共患病监测，净化基地环境。

3. 实行饲料及饲料添加剂质量监控 开展对饲料原料、饲料、预混料及饲料用水质量检测，实行饲料原料、饲料预混料的质量控制和定点生产供应，严禁超量不合理添加兽药及饲料添加剂，严格执行休药期制度。

4. 严格违禁高残留兽药的控制 筛选养猪基地兽药品种，严格禁用盐酸克伦特罗等国家规定的违禁药物，对生猪养殖基地开展不定期抽样监测，出栏前治疗过的生猪实行隔圈饲养。

5. 严格屠宰环节兽医卫生检疫 对生猪实施机械化单独规范屠宰，对生猪旋毛虫、猪囊虫等实施逐头检验，剔除病害生猪，对屠宰加工环节的生产环境卫生进行检验检测。

6. 开展屠宰环节安全指标检验 重点抽取猪肉、猪肝、猪尿样对盐酸克伦特罗、兽药、农药、铅、砷、铜等重金属等的残留进行检验，对有害微生物的污染情况进行检验。

7. 加强屠宰加工运输环节冷链配送 屠宰后胴体猪肉实行零摄氏度预冷，预冷后的胴体猪肉通过封闭悬挂式空调专用车配送到超市，以确保猪肉在运输过程中不混杂、不挤压、不污染、不变质。

8. 实行销售点环境质量控制 猪肉销售点的贮藏冷柜的配备，分割操作间及操作刀具的卫生，包装材料的质量控制，销售点的灭蝇灭鼠措施落实完善，操作人员健康登记检查等。

9. 完善市场肉品质量监督机制 重点对违禁药物、致病微生物及重金属等有害物质开展检测。

10. 落实生产环节质量监控措施 在养殖、屠宰、加工、运输、销售过程建立严格的生产、用药、出栏、检验、检疫等台账目录，并严格归档保存。另外，还应加强无公害猪肉标志的使用和管理。

（二）无公害农产品产地认定程序

2003 年 4 月 17 日，农业部、国家认证认可监督管理委员会第

264 号公告发布的无公害农产品产地认定程序，具体内容如下。

第一条 为规范无公害农产品产地认定工作，保证产地认定结果的科学、公正，根据《无公害农产品管理办法》，制定本程序。

第二条 各省、自治区、直辖市和计划单列市人民政府农业行政主管部门（以下简称省级农业行政主管部门）负责本辖区内无公害农产品产地认定（以下简称产地认定）工作。

第三条 申请产地认定的单位和个人（以下简称申请人），应当向产地所在地县级人民政府农业行政主管部门（以下简称县级农业行政主管部门）提出申请，并提交以下材料：

（一）《无公害农产品产地认定申请书》；

（二）产地的区域范围、生产规模；

（三）产地环境状况说明；

（四）无公害农产品生产计划；

（五）无公害农产品质量控制措施；

（六）专业技术人员的资质证明；

（七）保证执行无公害农产品标准和规范的声明；

（八）要求提交的其他有关材料。

申请人向所在地县级以上人民政府农业行政主管部门申领《无公害农产品产地认定申请书》和相关资料，或者从中国农业信息网站（www.agri.gov.cn）下载获取。

第四条 县级农业行政主管部门自受理之日起 30 日内，对申请人的申请材料进行形式审查。符合要求的，出具推荐意见，连同产地认定申请材料逐级上报省级农业行政主管部门；不符合要求的，应当书面通知申请人。

第五条 省级农业行政主管部门应当自收到推荐意见和产地认定申请材料之日起 30 日内，组织有资质的检查员对产地认定申请材料进行审查。材料审查不符合要求的，应当书面通知申请人。

第六条 材料审查符合要求的，省级农业行政主管部门组织有资质的检查员参加的检查组对产地进行现场检查。现场检查不符合

要求的，应当书面通知申请人。

第七条 申请材料和现场检查符合要求的，省级农业行政主管部门通知申请人委托具有资质的检测机构对其产地环境进行抽样检验。

第八条 检测机构应当按照标准进行检验，出具环境检验报告和环境评价报告，分送省级农业行政主管部门和申请人。

第九条 环境检验不合格或者环境评价不符合要求的，省级农业行政主管部门应当书面通知申请人。

第十条 省级农业行政主管部门对材料审查、现场检查、环境检验和环境现状评价符合要求的，进行全面评审，并作出认定终审结论。

（一）符合颁证条件的，颁发《无公害农产品产地认定证书》；

（二）不符合颁证条件的，应当书面通知申请人。

第十一条《无公害农产品产地认定证书》有效期为 3 年。期满后需要继续使用的，证书持有人应当在有效期满前 90 日内按照本程序重新办理。

第十二条 省级农业行政主管部门应当在颁发《无公害农产品产地认定证书》之日起 30 日内，将获得证书的产地名录报农业部和国家认证认可监督管理委员会备案。

第十三条 在本程序发布之日前，省级农业行政主管部门已经认定并颁发证书的无公害农产品产地，符合本程序规定的，可以换发《无公害农产品产地认定证书》。

第十四条《无公害农产品产地认定申请书》和《无公害农产品产地认定证书》的格式，由农业部统一规定。

第十五条 省级农业行政主管部门根据本程序可以制定本辖区内具体的实施程序。

第十六条 本程序由农业部、国家认证认可监督管理委员会负责解释。

第十七条 本程序自发布之日起执行。

（三）无公害农产品认证程序

2003年4月17日，农业部、国家认证认可监督管理委员会第264号公告发布的无公害农产品认证程序，具体内容如下。

第一条 为规范无公害农产品认证工作，保证产品认证结果的科学、公正，根据《无公害农产品管理办法》，制定本程序。

第二条 农业部农产品质量安全中心（以下简称中心）承担无公害农产品认证（以下简称农产品认证）工作。

第三条 农业部和国家认证认可监督管理委员会（以下简称国家认监委）依据相关的国家标准或者行业标准发布《实施无公害农产品认证的产品目录》（以下简称农产品目录）。

第四条 凡生产产品目录内的产品，并获得无公害农产品产地认定证书的单位和个人，均可申请产品认证。

第五条 申请产品认证的单位和个人（以下简称申请人），可以通过省、自治区、直辖市和计划单列市人民政府农业行政主管部门或者直接向中心申请产品认证，并提交以下材料：

（一）《无公害农产品认证申请书》；

（二）《无公害农产品产地认定证书》（复印件）；

（三）产地《环境检验报告》和《环境评价报告》；

（四）产地区域范围、生产规模；

（五）无公害农产品的生产计划；

（六）无公害农产品质量控制措施；

（七）无公害农产品生产操作规程；

（八）专业技术人员的资质证明；

（九）保证执行无公害农产品标准和规范的声明；

（十）无公害农产品有关培训情况和计划；

（十一）申请认证产品的生产过程记录档案；

（十二）“公司加农户”形式的申请人应当提供公司和农户签订的购销合同范本、农户名单以及管理措施；

（十三）要求提交的其他材料。

申请人向中心申领《无公害农产品认证申请书》和相关资料，或者从中国农业信息网站（www.agri.gov.cn）下载。

第六条 中心自收到申请材料之日起，应当在15个工作日内完成申请材料的审查。

第七条 申请材料不符合要求的，中心应当书面通知申请人。

第八条 申请材料不规范的，中心应当书面通知申请人补充相关材料。申请人自收到通知之日起，应当在15个工作日内按要求完成补充材料并报中心。中心应当在5个工作日内完成补充材料的审查。

第九条 申请材料符合要求的，但需要对产地进行现场检查的，中心应当在10个工作日内作出现场检查计划并组织有资质的检查员组成检查组，同时通知申请人并请申请人予以确认。检查组在检查计划规定的时间内完成现场检查工作。现场检查不符合要求的，应当书面通知申请人。

第十条 申请材料符合要求（不需要对申请认证产品产地进行现场检查的）或者申请材料和产地现场检查符合要求的，中心应当书面通知申请人委托有资质的检测机构对其申请认证产品进行抽样检验。

第十一条 检测机构应当按照相应的标准进行检验，并出具产品检验报告，分送中心和申请人。

第十二条 产品检验不合格的，中心应当书面通知申请人。

第十三条 中心对材料审查、现场检查（需要的）和产品检验符合要求的，进行全面评审，在15个工作日内作出认证结论。

（一）符合颁证条件的，由中心主任签发《无公害农产品认证证书》；

（二）不符合颁证条件的，中心应当书面通知申请人。

第十四条 每月10日前，中心应当将上月获得无公害农产品认证的产品目录同时报农业部和国家认监委备案。由农业部和国家认监委公告。

第十五条 《无公害农产品认证证书》有效期为3年，期满后需要继续使用的，证书持有人应当在有效期满前90日内按照本程序重新办理。

第十六条 任何单位和个人（以下简称投诉人）对中心检查员、工作人员、认证结论、委托检测机构、获证人等有异议的均可向中心反映或投诉。

第十七条 中心应当及时调查、处理所投诉事项，并将结果通报投诉人，并抄报农业部和国家认监委。

第十八条 投诉人对中心的处理结论仍有异议，可向农业部和国家认监委反映或投诉。

第十九条 中心对获得认证的产品应当进行定期或不定期的检查。

第二十条 获得产品认证证书的，有下列情况之一的，中心应当暂停其使用产品认证证书，并责令限期改正。

（一）生产过程发生变化，产品达不到无公害农产品标准要求；

（二）经检查、检验、鉴定，不符合无公害农产品标准要求。

第二十一条 获得产品认证证书，有下列情况之一的，中心应当撤销其产品认证证书：

（一）擅自扩大标志使用范围；

（二）转让、买卖产品认证证书和标志；

（三）产地认定证书被撤销；

（四）被暂停产品认证证书未在规定限期内改正的。

第二十二条 本程序由农业部、国家认监委负责解释。

第二十三条 本程序自发布之日起执行。

三、动物疫病防控支持政策

农业部、财政部认真总结近年来动物疫病防控政策实施和试点

工作情况，立足动物防疫实际，决定从 2017 年开始调整完善重大动物疫病防控支持政策。

（一）调整国家强制免疫和扑杀病种

国家继续对口蹄疫、高致病性禽流感和小反刍兽疫实施强制免疫和强制扑杀。在布鲁氏菌病重疫区省份（一类地区）将布鲁氏菌病纳入强制免疫范围，将布病、结核病强制扑杀的畜种范围由奶牛扩大到所有牛和羊。将马鼻疽、马传贫纳入强制扑杀范围。包虫病重疫区省份将包虫病纳入强制免疫和强制扑杀范围。对猪瘟和高致病性猪蓝耳病暂不实施国家强制免疫政策，由国家制定猪瘟和高致病性猪蓝耳病防治指导意见，各地根据实际开展防治工作。国家强制免疫和扑杀范围以外的动物疫病防控工作，由各地结合本地实际，统筹考虑，自主安排。

（二）建立强制免疫和扑杀病种进入退出机制

根据动物疫病防控需要，建立强制免疫和扑杀病种调整机制。农业部、财政部依法适时将国家优先防治的重大动物疫病、影响重大的新发传染病和人畜共患病，纳入国家强制免疫和扑杀财政支持范围。在风险评估基础上，对已达到净化、消灭标准或控制较好的动物疫病，适时停止国家强制免疫和扑杀财政支持。

（三）优化强制免疫补助政策

1. 调整强制免疫补助比例和下达方式 对东中西部地区疫苗经费继续采取差别化补助政策，补助资金向中西部适当倾斜。对国家确定的强制免疫病种，中央财政统一疫苗补助比例，按照国家统计局公布的畜禽统计数量和疫苗补助标准等因素测算中央财政强制免疫补助规模，切块下达各省级财政，对重大动物疫病强制免疫疫苗经费、免疫效果监测评价和人员防护等相关防控工作予以补助。各省级财政根据疫苗实际招标价格和需求数量，结合中央财政安排的疫苗补助资金，据实安排省级财政补助资金。原中央财政安排的基层动物防疫工作补助经费调整为动物防疫补助，对组织落实强制免疫政策、实施强制免疫计划、购买防疫服务等予以补助。

2. 调整疫苗采购和补助方式 进一步强化畜禽养殖经营者的强制免疫主体责任，对符合条件的养殖场（户）的强制免疫实行“先打后补”，逐步实现养殖场（户）自主采购、财政直补。养殖场户可根据疫苗使用和效果监测情况，自行选择国家批准使用的相关动物疫病疫苗。地方财政部门根据养殖场（户）的畜禽统计数量、免疫效果监测评价和产地检疫等情况，发放补助资金。对目前暂不符合条件的养殖场（户），继续实施省级疫苗集中招标采购，并探索以政府购买服务的形式，有序引导社会力量参与强制免疫工作，进一步提高强制免疫质量和财政资金使用效率。

自主采购养殖者应当做到采购有记录、免疫可核查、效果可评价，具体条件及管理办法由各省（自治区、直辖市）结合本地实际制定。

（四）完善强制扑杀补助政策

建立扑杀补助标准动态调整机制。当前，根据养殖成本和畜禽市场价格变化情况，适当提高国家强制扑杀补助标准。标准调整后，猪维持800元/头不变；奶牛为6000元/头，肉牛3000元/头，羊500元/只，禽15元/羽，马12000元/匹，其他畜禽扑杀补助标准参照执行。中央财政对东、中、西部地区补助比例分别为40%、60%、80%。各地可根据畜禽大小、品种等因素细化补助标准。

（五）其 他

本方案自2017年1月1日起实施。各省（自治区、直辖市）和新疆生产建设兵团以及黑龙江省农垦总局、广东省农垦总局可根据本方案，结合本地实际，制定具体实施方案。

第二章

猪场建造与环境控制

一、规划布局

（一）场址选择

猪场应选择地势高燥、向阳、通风、排水良好、交通便利、利于防疫、水源充足、电供应可靠、便于排污的地方；在城镇周围建场时，场址用地应符合当地城镇发展规划和土地利用规划的要求。猪场既要有利于严格的防疫，又要防止对周围环境的污染。同时，还应当符合下列条件：距离生活饮用水源地、动物屠宰加工场所、动物和动物产品集贸市场500米以上；距离种猪场1 000米以上；距离动物诊疗场所200米以上；动物饲养场（养殖小区）之间距离不少于500米；距离动物隔离场所、无害化处理场所3 000米以上；距离城镇居民区、文化教育科研等人口集中区域及公路、铁路等主要交通干线500米以上。猪场周围应有围墙或防疫沟，并建立绿化隔离带。禁止在旅游区、猪疫病区和污染严重地区建场。

（二）总体布局

猪场各建筑物的安排应结合地形、地势、水源、当地主风向等自然条件以及猪场的近期和远期规划综合考虑。一般整个猪场的场地规划可分为生产区、管理区、生活区和隔离区四部分，并严格执行生产区与生活区、管理区相隔离的原则，按顺序安排各区。根据防疫需求应建有消毒室、隔离舍、病死猪无害化处理间等，应设在生产区的下风向位置，并距离猪舍 50 米以上。按照当地的主风向以及地势坡度，各区的排列可参见场区规划示意图（图 2–1）。

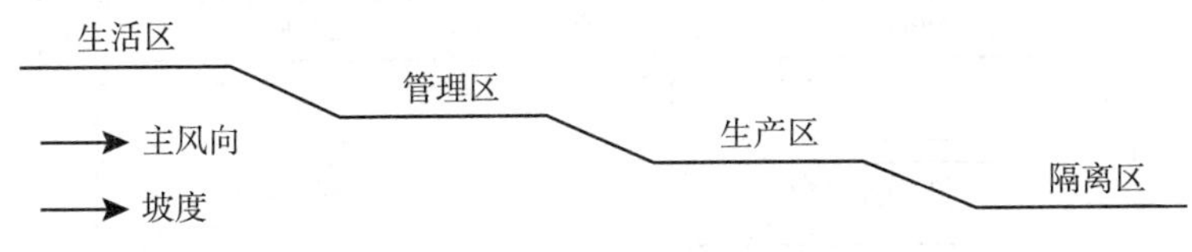

图 2–1　猪场场区规划示意图

（三）平面布局

猪场各类猪舍的安排顺序应为公猪与空怀母猪配种舍、妊娠母猪舍、哺乳母猪舍、仔猪培育舍、生长育肥舍。种猪舍应放置在上风向，并与其他猪舍分开。公猪舍放置在较为僻静的地方，与母猪舍保持一定的距离。人工授精室应设在公猪舍附近。分娩舍应靠近仔猪培育舍，育成舍靠近育肥舍，育肥舍则应设在离场门较近的地方，便于运输。另外，为避免猪群疾病的传染、防火安全以及通风透光，每两列猪舍之间的距离应保持 15～20 米，或至少不小于前排猪舍高度的 2 倍。为避免运输车辆进入生产区，装猪台应设在肥猪舍的下风向。生产区的入口处应设消毒间和消毒池。猪场生产区按夏季主导风向布置在生活管理区的下风向或侧风向处，污水粪便处理设施和病死猪焚烧炉按夏季主导风向设在生产区的下风向或侧风向处，各区之间可用绿化带或围墙隔离。猪场的平面布局可在总体要求的基础上进行适当调整，以下为猪场平面布局示意图（图 2–2）。

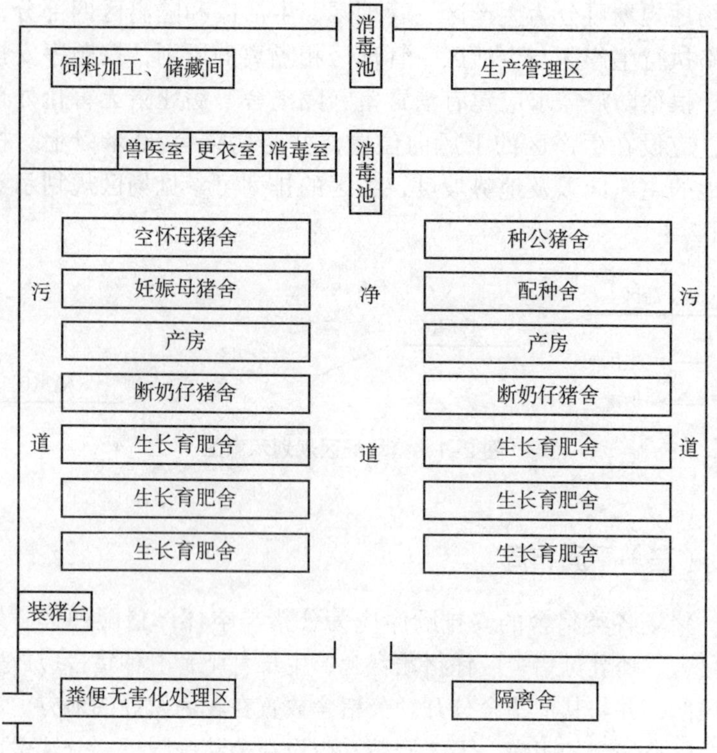

饲料加工、储藏间　消毒池　生产管理区

兽医室　更衣室　消毒室　消毒池

污道		净道		污道
	空怀母猪舍		种公猪舍	
	妊娠母猪舍		配种舍	
	产房		产房	
	断奶仔猪舍		断奶仔猪舍	
	生长育肥舍		生长育肥舍	
	生长育肥舍		生长育肥舍	
	生长育肥舍		生长育肥舍	

装猪台

粪便无害化处理区　隔离舍

图 2-2　猪场平面布局示意图

二、猪舍设计

（一）猪舍的形式

1. 按屋顶形式分类　猪舍按屋顶形式可分为单坡式、双坡式、平顶式、联合式、拱顶式、钟楼式等（图 2-3）。单坡式跨度较小，结构简单、省料，便于施工，光照、通风较好；但保温性差，适合于小型猪场。双坡式可用于各种跨度，一般跨度大的双列式、多列式猪舍常采用，保温性好，但投资较多。联合式介于单坡式和双

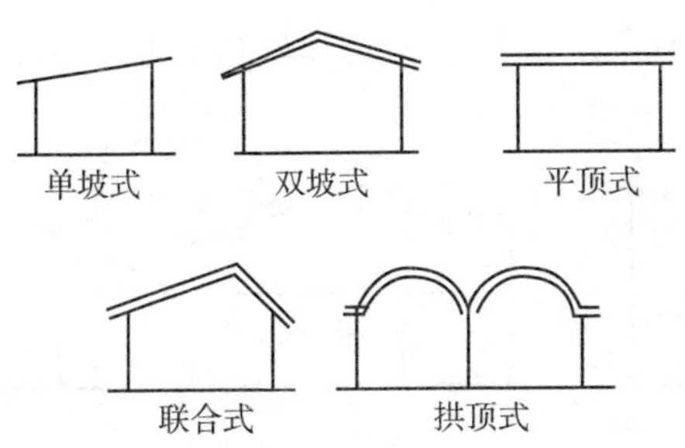

图 2–3　各种猪舍屋顶结构形式

坡式之间。平顶式也用于各种跨度的猪舍，其造价较高。拱顶式猪舍节省木料，保温隔热性能好。钟楼式利于采光和通风，防暑效果好，但不利于保温。

2. 按墙壁结构和窗户分类　猪舍按墙壁结构可分为开放式、半开放式和密闭式，密闭式猪舍按窗户有无又可分为有窗式和无窗式。开放式猪舍三面设墙，一面无墙，通风采光好，其结构简单，造价低，但难以解决冬季防寒问题，开放式自然通风猪舍的跨度不应大于 15 米。半开放式猪舍三面设墙，一面设半截墙，冬季若在半截墙上挂草苫或钉塑料布，能明显提高保温性能。有窗式猪舍四面设墙，窗设在纵墙上，窗的大小、数量和结构可依据当地气候条件而定。无窗式猪舍与外界自然环境隔绝程度高，墙上只设应急窗，仅供停电应急时用，不作采光和通风用，舍内的通风、光照、舍温全靠人工设备调控，能创造出适合猪群各方面需求的理想环境，这种猪舍特别适用于 SPF（无特定疫病）猪场。

3. 按猪栏排列分类　猪舍按猪栏的排列可分为单列式、双列式和多列式（图 2–4）。单列式猪舍猪栏排成一列，靠北墙一般设饲喂走道，舍外可设或不设运动场，造价低，适合于养种猪。双列式猪舍中间设一走道，有的还在两边设清粪通道，这种猪舍建设面积利用率较高，管理方便，保温性能好，便于使用机械；但北侧猪栏采光性较差，舍内易潮湿。多列式猪舍中猪栏排成三列或四列，建筑面积利用率高，管理方便，保温性能好；缺点是采光差，舍内阴暗潮湿，通风不良；这种猪舍必须辅以机械，人工控制通风、光照及温湿度。

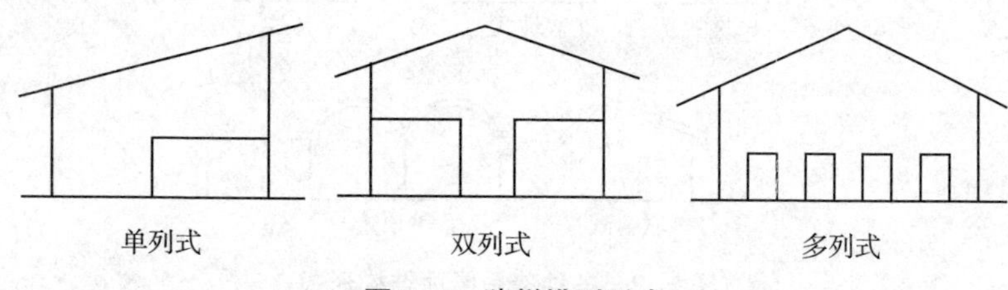

图 2–4　猪栏排列形式

（二）不同猪舍的要求

不同类型的猪所使用的猪舍有不同的建筑要求。分娩舍和仔猪培育舍可采用有窗封闭式猪舍，高床网上饲养，做到夏季可防暑降温，冬季有保温设备，其他猪舍可以适当简易些。

1. 公猪舍　种公猪舍通常使用单列式猪舍，每栏饲养 1 头种公猪或 2～3 头后备公猪。每栏的使用面积为 8～10 米 ^{2}，隔栏的高度一般为 1.2～1.4 米，每栏的舍外部分还应设有一个小的运动场，整个公猪舍还应有一个共用的泥土运动场，供公猪经常活动。配种栏的设计有多种方式，可以专门设配种栏，也可以利用公猪栏和母猪栏。

2. 空怀、妊娠母猪舍　空怀、妊娠母猪舍可为单列式（带运动场）、双列式、多列式等几种。空怀、妊娠母猪可群养也可单养。群养时，空怀母猪每圈 4～5 头，妊娠母猪每圈 2～4 头。空怀、妊娠母猪均可单养，舍内设母猪单体限位栏。

3. 哺乳母猪舍　哺乳母猪舍常见为三走道双列式。分娩舍的大小应按每周的产仔母猪头数设计。分娩舍采用全进全出，以周为单位，小间隔离饲养，采用高床网上限位栏饲养。产仔栏的规格为长 2.2～2.4 米，宽 1.7～1.8 米，限位架宽 0.6 米，高 1 米，分娩栏内另设仔猪保温箱，保温箱内设保温灯或加热板。

4. 仔猪培育舍　仔猪断奶后转入仔猪培育舍饲养。这时，仔猪面临断奶和从分娩舍转到培育舍环境变迁的双重应激。仔猪免疫力差，怕冷，易感染疾病，要求仔猪培育舍的保温性能要好，屋顶要有天花板，舍内有采暖设备。培育舍可采用双列式或单列式排列，最好以周为单位，分隔成小间饲养，便于全进全出。仔猪培育可采用地面或网上群养，每圈 8～12 头。

5. 生长育肥舍　生长育肥猪一般在地面饲养，每栏饲养 8～10头，每头占地面积0.8～1米^2，可采用双列式饲养，中央设通道，半漏缝地板的圈舍。

三、设施设备

养猪场应配备与生产规模相适应的隔离、防疫、消毒、无害化处理等设施设备。各种设备应工作可靠，操作方便，使用安全；不伤害各类猪群，不撒漏饲料，不漏水；满足饲喂、饮水、防疫、消毒、粪便尿清除、无害化处理等，以及各类猪群生理和环境卫生的要求。

（一）隔离设施

①场区周围建有围墙或绿化隔离带（图 2–5）。

②生产区与生活办公区分开，并有隔离设施（图 2–6）。

③生产区内各养殖栋舍之间距离应符合要求或者有隔离设施

图 2–5　场区周围围墙

图 2–6　进入生产区的消毒通道

（图 2–7）。

④为便于育肥猪出售装车方便，应在育肥猪舍一端设置装猪台（图 2–8）。

图 2–7　各养殖栋舍间距

图 2–8　装 猪 台

（二）猪舍地面

1. 圈舍地面和墙壁选用适宜材料，以便清洗消毒　实体地面一般由混凝土制成，可以铺草或不铺草，从建筑费用上，具有相对便宜的优点；但是它们难以保持清洁和干燥，清除粪尿时需要高强度的劳力投入。它们对幼龄猪不适用，尤其是分娩舍和保育舍的仔猪，实体地板能散热导致寒冷，潮湿和不卫生的环境，使仔猪体质和生产性能下降。漏缝地板可以用多种材料制成，常用的有混凝土、木材、金属、玻璃纤维和塑料。对于漏缝地板类型的选择，应考虑经济性、安全性、保洁性、耐久性、舒适性等因素（图 2–9）。

图 2–9　漏缝地板

2. 生产区内清洁道、污染道分设　见图 2–10、图 2–11。

图 2-10　猪舍内净道

图 2-11　猪舍内污道

（三）猪　栏

猪栏的结构型式分栏栅式和实体两种。按饲养猪的类别猪栏分公猪栏、配种栏、母猪单体栏、母猪小群栏、分娩栏、培育栏、育成栏、育肥栏。

（四）喂料设备

猪场的喂料设备必须设计建造合理、材料坚固、无毒无害，且易于清洗消毒。喂料设备主要由喂料机和食槽组成。喂料机分固定式和移动式两种形式，固定式喂料机主要由饲料塔、饲料输送机等组成；移动式即为手推饲料车。养猪业中使用的食槽种类繁多，存在着很大差异，有普通食槽和自动食槽。自动采食食槽常用于仔猪培育舍和生长育肥猪舍，普通食槽则多用来饲喂母猪和公猪。

（五）饮水设备

猪的饮水设备必须设计建造合理、材料坚固、无毒无害，且易于清洗消毒。猪舍内的供水系统包括猪的饮用水和冲洗用水两部分。水源丰富的猪场可用一套供水系统。猪场的饮水设备有水槽和自动饮水器两种形式。国内外规模化养猪场常用鸭嘴式饮水器，猪场根据不同阶段的猪来选择饮水器的大小和安装高度。一般规模化猪场多采用自动饮水设备。

（六）通风、降温和供热保温设备

1. 通风换气设备 猪舍的通风换气，常见的有负压通风、常压通风及管道压力通风等形式。负压通风是最简单、最廉价的一种通风方式，在国内外应用广泛。负压通风有纵向通风与横向通风之分。常压通风是利用窗口自然通风。管道通风即利用风机通过管道向猪舍内输送新鲜空气，根据进气口的设备可输送热空气也可输送冷空气（图 2–12）。

2. 降温设备 降温有冷风机降温和喷雾降温两种，当舍内温度不太高时，采用小蒸发式冷风机，降温效果良好。在封闭式猪舍，可采用在进气口处加湿帘的办法降温（图 2–13）。

图 2–12 猪舍侧面通风换气扇

图 2–13 猪舍通风降温湿帘

3. 供热设备 猪舍内的供热有整体供热和局部供热两种，整体供热需要的供热设备有锅炉、热风炉或电热器等，通过煤、天然气或电能加热水或空气，再通过输送管道将热量送到猪舍。局部供热主要用于分娩舍仔猪箱内保温和仔猪培育舍的补充温度，常用的设备有：红外线灯泡、加热板和仔猪电热板，也有用天然气或沼气灯来进行局部供暖（图 2–14）。

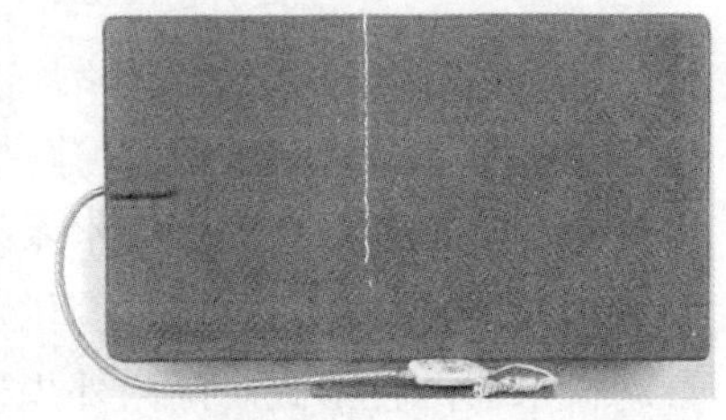

图 2–14 电 热 板

（七）防疫设施

养猪场根据防疫需求，还需建造消毒室、兽医室、隔离舍、病死猪无害化处理间等，应距离猪舍的下风向 50 米以上。养猪场应配备对害虫和啮齿动物等的生物防护设施。

1. 配备兽医室　配备疫苗冷冻（冷藏）设备、消毒和诊疗等防疫设备的兽医室，或者有兽医机构为其提供相应服务（图 2–15，图 2–16）。

图 2–15　兽 医 室

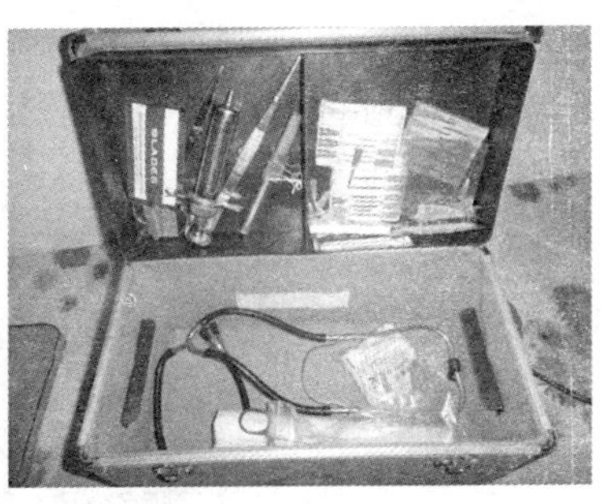

图 2–16　诊疗设备

2. 有相对独立的引入动物隔离舍　见图 2–17。

3. 有相对独立的患病动物隔离舍　见图 2–18。

图 2–17　引入动物隔离舍

图 2–18　患病动物隔离舍

4. 有与生产规模相适应的无害化处理设施设备 见图 2–19。

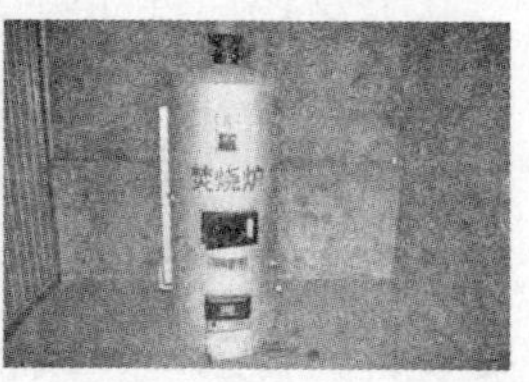

污水处理池　　尸体井　　焚烧炉

图 2–19　无害化处理设施

5. 有必要的防鼠、防鸟、防虫设施或方法 见图 2–20。

图 2–20 防 鸟 网

（八）消毒设施

一是猪场大门口设置消毒池。猪场大门入口处要设置宽与大门相同，长等于进场大型机动车车轮一周半长的水泥结构消毒池，池内应经常放有消毒液（图 2–21）。

二是生产区入口处设置更衣换鞋室、消毒室或淋浴室（图 2–22）。

三是各养殖栋舍出入口设置消毒池、消毒垫或者消毒盆以供进入人员消毒。

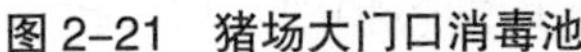

图 2–21　猪场大门口消毒池

图 2–22　生产区入口的更衣淋浴间

（九）粪便处理设施

猪场必须设置防止渗漏、径流、飞扬且具一定容量的专用储粪设施和场所或有效的粪便和污水处理系统，猪场粪便须及时进行无害化处理并加以合理利用。猪场粪尿的无害化处理和合理利用是一项复杂的系统工程，它涉及养猪业发展的战略布局，有关的政策法规，以及猪场的规模、场地选择、生产工艺、饲养管理方式和猪舍建筑设备等，各地应根据猪场自身的实际条件，综合考虑确定最佳处理方案。猪场粪尿处理系统主要包括：粪尿分离式、粪尿混合式，水冲式 3 种形式。在我国，一般采用粪尿分离的清粪方式。多用人工清除干粪，也可用机器设备分离，主要设备包括粪尿固液分离机，刮板式清粪机。粪尿固液分离机有很多种，其中应用最多的有倾斜筛式粪水分离机、压榨式粪水分离机、螺旋回转滚筒式粪水分离机、平面振动筛式粪水分离机。刮板式清粪机有两种形式，包括单面闭合回转的刮板机和步进式往复循环刮板机。猪场应建造配备与生产规模相适应的污水处理设施设备（图 2–23）。

图 2–23　污水处理池

新建猪场的粪便和污水处理设施须与猪场同步设计、同期施工、同时投产，其处理能力、有机负荷和处理效率最好按本场或当地其他场实测数据计算和设计。以下参数可供参考：存栏猪全群平均每天产粪和尿各3千克；水冲清粪、水泡粪和干清粪的污水排放量平均每头每天约分别为50升、20升和12升。

（十）其他设备

猪场还应备有地面冲洗喷雾消毒机和火焰消毒器。生产设备主要包括妊娠测定仪、背膘测定仪、称重用的各种秤、切齿钳、耳号钳、耳标、各种车辆等。办公设备主要有电子计算机、传真机等。饲养场应设有与生产相适应的兽医室所需的仪器设备。

四、生产工艺

规模化养猪场的生产工艺一般采用全进全出，均衡生产，不同生产阶段的猪群，以周为单位计算饲养期。目前，生产中主要采用三段饲养二次转群、四段饲养三次转群、五段饲养四次转群、六段饲养五次转群等几种工艺流程。

（一）三段饲养二次转群

三段饲养二次转群是比较简单的生产工艺流程，它适用于规模较小的养猪场，其特点是简单、转群次数少、猪舍类型少、节约维修费用。但母猪舍利用率不高，需有较多的母猪舍。

（二）四段饲养三次转群

在三段饲养工艺中，将仔猪保育阶段独立出来就是四段饲养三次转群工艺流程，保育期一般5周，猪的体重达20千克时转入生长育肥舍。断奶仔猪比生长育肥猪对环境条件要求高，这样便于采取措施提高成活率。在生长育肥舍饲养15～16周，体重达90～110千克出栏。

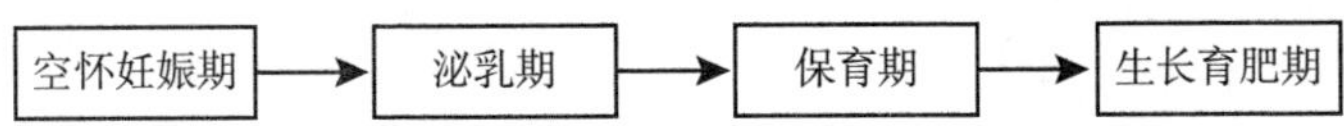

（三）五段饲养四次转群

与四段饲养工艺相比，是把空怀待配母猪和妊娠母猪分开，单独组群，有利于配种，提高繁殖率。空怀母猪配种后观察 21 天，妊娠后转入妊娠舍饲养至产前 7 天转入分娩哺乳舍。这种工艺的优点是断奶母猪复膘快、发情集中、便于发情鉴定，容易把握适时配种。

（四）六段饲养五次转群

与五段饲养工艺相比，是将生长育肥期分成育成期和育肥期，各饲养 7～8 周。仔猪从出生到出栏经过哺乳、保育、育成、育肥四段。此工艺流程特点是可以最大限度地满足其生长发育的饲养营养、环境管理的不同需求，充分发挥其生长潜力，提高养猪效率。

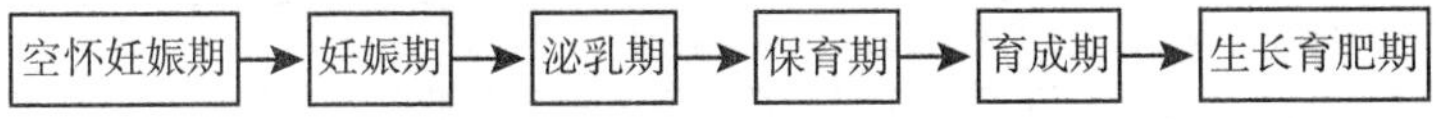

大型规模化养猪场要实行多点式养猪生产工艺及猪场布局，以场为单位实行全进全出，有利于防疫、有利于管理，可以避免猪场过于集中给环境控制和废弃物处理带来负担。

五、猪场环境基本要求

环境控制的目的是使猪在最适宜的小气候条件下生长，以获得最佳经济效益。环境因素可分为以下两个方面：一是小气候因素，包括温度、湿度、通风、光照、有害气体等；二是群体行为因素，包括空气污染、噪声、过分拥挤等。

（一）温 度

仔猪出生几小时内的适宜温度为35℃～34℃，1～3日龄为32℃～30℃，4～7日龄为30℃～28℃，2～4周龄为28℃～24℃，4～8周龄为26℃～24℃，8～16周龄为24℃～20℃，17周龄以后为22℃～17℃，成年公猪18℃～20℃，成年母猪15℃～20℃。哺乳母猪和哺乳仔猪的温度不同，建议对哺乳仔猪采取保温箱等局部供暖措施。新建猪场应根据当地气候特点和猪舍性能等方面，考虑防寒保温或防暑降温。

（二）湿 度

一般生猪所需要的空气相对湿度应掌握在60%～70%。猪舍内应保持适宜的空气温度和相对湿度（表2-1）。

表2-1 猪舍内空气温度和相对湿度

猪舍类别	空气温度（℃）	空气相对湿度（%）
种公猪舍	10～25	40～80
成年母猪舍	10～27	40～80
哺乳母猪舍	16～27	40～80
哺乳仔猪舍	28～34	40～80
培育仔猪舍	16～30	40～80
育肥猪舍	10～27	40～85

注：1. 表中的温度和湿度范围为生产临界范围，高于该范围的上限值或低于其下限值时，猪的生产力可能会受到明显的影响；成年猪（包括育肥猪）舍的温度，在最热月份平均温度≥28℃的地区，允许上限值提高1℃～3℃；最冷月份平均温度低于-5℃的地区允许下限值降低1℃～5℃。

2. 表中哺乳仔猪的温度标准系数系指1周龄以内的生产临界范围，2周龄、3周龄和4周龄时下限温度可分别降至26℃、24℃和22℃。

3. 表中数值均指猪床床面以上1米高处的温度或湿度。

（三）通　风

猪舍通风主要包括自然通风、负压机械通风（横向或纵向）和正压机械通风。跨度小于 12 米的猪舍一般宜采用自然通风，跨度大于 8 米的猪舍以及夏季炎热地区，自然通风应设地窗和屋顶风管，或采用自然与机械混合通风，或机械通风，为克服横向和纵向机械通风的某些缺点，可考虑采用正压机械通风。采用横向通风的有窗猪舍，设置风机一侧的门窗应在风机运转时关闭。猪舍通风须保证气流分布无通风死角；在气流组织上，冬季应使气流由猪舍上部流入，而夏季则应使气流流经猪体。猪舍通风量和风速要求如表 2–2。

表 2–2　猪舍通风要求

猪舍类别	通风量（米^3/小时）			风速（米/秒）	
	冬　季	春秋季	夏　季	冬　季	夏　季
种公猪舍	0.45	0.60	0.70	0.20	1.00
成年母猪舍	0.35	0.45	0.60	0.30	1.00
哺乳母猪舍	0.35	0.45	0.60	0.15	0.40
哺乳仔猪舍	0.35	0.45	0.60	0.15	0.40
培育仔猪舍	0.35	0.45	0.60	0.20	0.60
育肥猪舍	0.35	0.45	0.65	0.30	1.00

注：表中风速指猪所在位置猪体高度的夏季适宜值和冬季最大值。在最热月份平均温度≥ 28℃的地区，猪舍夏季风速可酌情加大，但不宜超过 2 米/秒。

（四）采　光

猪舍光照须保证均匀。自然光照设计须保证入射角≥ 25°，采光角（开角）≥ 5°；人工照明灯具设计宜按灯距 3 米左右布置。猪舍的灯具和门窗等透光构件须经常保持清洁。猪舍自然光照或人工照明设计要求如表 2–3。

表 2–3 猪舍采光要求

猪舍类别	自然光照		人工照明	
	窗地比	辅助照明（勒）	光照强度（勒）	光照时间（小时）
种公猪舍	1∶10～12	50～75	50～100	14～18
成年母猪舍	1∶12～15	50～75	50～100	14～18
哺乳母猪舍	1∶10～12	50～75	0～100	14～18
哺乳仔猪舍	1∶10～12	50～75	50～100	14～18
培育仔猪舍	1∶10	50～75	50～100	14～18
育肥猪舍	1∶12～15	50～75	30～50	8～12

注：窗地比是以猪舍门窗等透光构件的有效透光面积为 1，与舍内地面积之比；辅助照明是指自然光照猪舍设置人工照明以备夜晚工作照明用。人工照明一般用于无窗猪舍。

（五）噪 声

各类猪舍的生产噪声或外界传入的噪声不得超过 80 分贝，并避免突然的强烈噪声。

（六）饲养密度

高密度饲养对母猪的繁殖不利；而密度太小既不利于猪舍的利用，也不利于充分发挥猪的群居效应。一般育肥猪在后期保证每头猪有 0.9～1 米^2 的面积。

（七）猪群大小

群养猪每群头数以公猪 1 头、后备公猪 2～4 头、空怀及妊娠前期母猪 4～6 头、妊娠后期母猪 2～4 头、哺乳母猪（带哺乳仔猪 1 窝）1 头为宜。培育仔猪、育肥猪以原窝（8～12 头）饲养为宜，合群饲养时每群也不宜超过 2 窝（20～25 头）。

1. 后备猪 可按性别、体重大小分成小群饲养，每圈可养 4～6 头，饲养密度适当。

2. 种公猪 种公猪可分为单圈和小群两种饲养方式，最好单圈养，单槽喂，日喂 3 次；小群饲养种公猪必须是从小合群，一般 2 头一圈，最多不能超过 3 头。

3. 空怀母猪　空怀母猪有单栏饲养和群养两种方式。单栏饲养空怀母猪是工厂化养猪生产中采用的一种形式，小群饲养就是将 4～6 头同时（或相近）断奶的母猪养在同一栏（圈）内。

4. 妊娠母猪　妊娠母猪最好单圈饲养。采用小群饲养，每头母猪的体重、年龄、性情与妊娠期要大致相同，保持足够槽位，防止强夺弱食现象发生；到产前 1 个月还是以单圈饲养为好（图 2–25）。

5. 哺乳母猪　哺乳母猪应饲养在专门的产床上，单栏饲养（图 2–26）。

图 2–25　妊娠母猪产床待产

图 2–26　哺乳母猪产床哺乳

6. 哺乳仔猪　哺乳仔猪和哺乳母猪一样，在产床上饲养。

7. 断奶仔猪　断奶仔猪最好实行网床饲养，以原窝（8～12 头）饲养为宜（图 2–27）。

图 2–27　断奶仔猪网床饲养

8. 生长育肥猪　最好原窝饲养，原窝猪在 7 头以上，12 头以下都应原窝饲养。一般育肥猪在后期保证每头猪有 0.9～1 米^{2}的面积即可。

六、猪场空气环境质量要求

（一）猪场空气环境质量指标

猪场空气环境质量指标应符合国家有关规定（表 2–4）。

表 2–4　猪场空气环境质量指标

项　目	单　位	场　区	猪　舍
氨　气	毫克 / 米 ^{3}	5	25
硫化氢	毫克 / 米 ^{3}	2	10
二氧化碳	毫克 / 米 ^{3}	750	1500
可吸入颗粒（标准状态）	毫克 / 米 ^{3}	1	1
总悬浮颗粒物（标准状态）	毫克 / 米 ^{3}	2	3
恶　臭	稀释倍数	50	70

（二）猪舍空气卫生要求

为保持猪舍卫生状况良好，必须进行合理通风，改善饲养管理，采用合理的清粪工艺和设备，及时清除粪便和污水，保持清洁卫生，严格执行消毒制度。猪舍空气中的氨气、硫化氢、二氧化碳、细菌总数和粉尘含量应符合有关要求（表 2–5）。

表 2–5　猪舍空气卫生要求

猪舍类别	氨气（毫克/米 ^{3}）	硫化氢（毫克 / 米 ^{3}）	二氧化碳（%）	细菌总数（万个 / 米 ^{3}）	粉尘（毫克 / 米 ^{3}）
公猪舍	26	10	0.2	≤ 6	≤ 1.5
成年母猪舍	26	10	0.2	≤ 10	≤ 1.5
哺乳母猪舍	15	10	0.2	≤ 5	≤ 1.5

续表 2–5

猪舍类别	氨气（毫克/米³）	硫化氢（毫克/米³）	二氧化碳（%）	细菌总数（万个/米³）	粉尘（毫克/米³）
哺乳仔猪舍	15	10	0.2	≤ 5	≤ 1.5
培育仔猪舍	26	10	0.2	≤ 5	≤ 1.5
育肥猪舍	26	10	0.2	≤ 5	≤ 1.5

七、猪场污染物排放标准

猪场各种污染物的排放控制指标如表 2–6 至表 2–8。

表 2–6　集约化猪养殖场水污染物最高允许日均排放浓度

控制项目	五日生化需氧量（毫克/升）	化学需氧量（毫克/升）	悬浮物（毫克/升）	氨氮（毫克/升）	总磷（毫克/升）	粪大肠菌数（个/升）	蛔虫卵（个/升）
标准值	150	400	200	80	8	10000	2

表 2–7　猪养殖业废渣无害化环境标准

控制项目	指　标
蛔虫卵	死亡率≥ 95%
粪大肠杆菌数	≤ 10^5 个/千克

表 2–8　集约化猪养殖业恶臭污染物排放标准

控制项目	标准值
臭气浓度（无量纲）	70

八、控制猪场环境卫生的措施

（一）控制和消除猪舍的有害气体

①从猪舍卫生管理着手，应及时消除粪尿污水，不使它在舍内分解腐烂。有些猪场通过对猪的调教训练，每天数次定时将猪赶到舍外去排粪排尿，可有效地减轻舍内空气的恶化。

②从猪舍建筑设计着手，在猪舍内设计除粪装置和排水系统。

③注意猪舍的防潮。因为氨气和硫化氢都易溶于水，当舍内湿度过大时，氨气和硫化氢被吸附在墙壁和天棚上，并随着水分透入建筑材料中。当舍内温度上升时，又挥发逸散出来，污染空气。因此，猪舍的防潮和保暖是减少有害气体的重要措施。

④舍内地面，主要是畜床上应铺以垫料，垫料可吸收一定量的有害气体，其吸收能力与垫料的种类和数量有关。一般麦秸、稻草或干草等对有害气体均有良好的吸收能力。

⑤合理通风换气，以消除舍内的有害气体。当自然通风不足以排除有害气体时，还必须施行机械通风。

⑥当采用上述各种措施后，还未能降低舍内氨臭时，可采用过磷酸钙消除。应用过磷酸钙以减少猪舍内氨浓度有良好的作用，因为过磷酸钙能吸附氨气，生成铵盐。

（二）控制和消除猪舍空气中的微生物

①在选择场址时，应远离传染病源，如医院、兽医院以及各种加工厂，避免引起灰尘传播。牧场一般要求有天然屏障，以防污染。在猪场周围应设置防疫沟、防护墙或防护网，防止狗、猫等动物携带病原菌进入场内。猪场大门应设车辆和行人进出消毒池。

②猪场建成后，应对全场和猪舍进行彻底消毒。猪舍的出入门口，设置消毒池。饲养人员进入时，必须穿上经消毒的工作服、

帽、鞋、手套等，并通过有紫外线灯的通道。严禁场外人员和车辆进入猪舍区。

③平时要保证猪舍内的通风换气，使舍内空气经常保持清洁状态。定期进行猪舍消毒，如用消毒药喷洒地面、尿沟、猪栏，必要时用甲醛蒸气或紫外线灯进行猪舍空气消毒。

④应用电除尘器来净化猪舍空气中的尘埃和微生物，对微粒的净化效率可达 90% 以上，对微生物的净化效率可达 80% 以上。空气中的微生物可以被雨水或被水汽吸附而沉降。

⑤及时消除猪舍内的粪尿和污染垫草，并对病猪的粪便和垫料进行消毒处理。

（三）控制和消除猪舍空气中的微粒

在猪场周围种植防护林带，可以减少外界微粒的侵入；场内在道路两旁的空地上种植牧草和饲料作物，可以减少场内尘土飞扬；粉碎饲料的场所或堆垛干草的场地应远离猪舍；在舍内分发干草时，动作要轻；在喂给粉料时，应先发料，然后任其采食，最好改喂湿拌饲料或颗粒饲料；更换或翻动垫草应趁猪只不在舍内时进行；禁止在舍内刷拭生猪；禁止干扫猪床地面；保证舍内有良好的通风换气，及时消除舍内的微粒；在大型封闭式猪舍内，建筑设计时，应安装除尘器或阴离子发生器。

（四）防止噪声污染

为了减少噪声，建场时选好场址，尽量避免外界干扰；场内的规划应当合理，使汽车、拖拉机等不能靠近猪舍；猪场内应选择性能优良、噪声小的机械设备；装备机械时，应注意消声和隔音。猪舍周围大量植树，可使外来的噪声降低 10 分贝以上。

（五）猪场环境绿化

猪场的绿化，不仅可以改善和美化环境，还可减少污染，在

一定程度上能够起到保护环境的作用。绿化树种除要适合当地的水土环境以外，还应具有抗污染、吸收有害气体等功能，如槐树、梧桐、小叶白杨、垂柳、榆树、泡桐等。

（六）降低生猪排泄物对环境的污染

氮和磷是猪粪尿中造成环境污染的主要物质。据初步测算，一个万头规模化养猪场，常年存栏量约为 6 000 头，每天排放粪尿量约 29 吨，全年约为 10 585 吨。猪排泄过程以及粪便分解时产生的气体也是环境污染源之一。猪饲料中氮和磷的含量很高，但只有一小部分磷和氮沉积在动物体内，大部分饲料中的氮和磷排到环境中。降低生猪排泄物对环境污染的措施主要有以下 6 种。

1. 降低日粮的蛋白质浓度，减少氮的排泄 将日粮蛋白质含量从 18% 降到 16%，这将使育肥猪的氮排泄量减少 15%；而如果将日粮蛋白质含量增加至 24%，则使氮排出量提高 47%。研究显示，日粮蛋白质水平降低 2%，可使生长育肥猪氮排出量减少约 20%。

2. 提高日粮蛋白质的消化和利用，减少氮的排泄 应用纤维素酶、木聚糖酶、β–葡聚糖酶、蛋白酶等可提高饲料中粗纤维和蛋白质的利用率，这样就有较高比例的氨基酸被用于动物的生长，而不会被动物排泄出体外。应用理想蛋白质的原理配制猪的日粮，通过氨基酸平衡使蛋白质能够得到充分的利用，减少多余的氨基酸被用于作能量来源，特别是在氨基酸不平衡的日粮中使用赖氨酸、苏氨酸、蛋氨酸和色氨酸，这样可以大大改善氮的利用。对饲料原料进行适当的加工可以减少营养的代谢性浪费，制粒和膨化等加工工艺可以消除许多抗营养因子，提高蛋白质的消化率和体内的利用。

3. 采用阶段饲喂法，减少营养排出所造成的污染 阶段饲养可以满足动物不同生长阶段的不同营养需要，避免出现营养过剩或不足。阶段饲养法不仅可提高饲料转化率，而且还可降低氮排泄量。饲喂阶段分得越细，不同营养水平日粮种类分得越多，越有利于减少氮的排泄。

4. 猪日粮中添加丝兰属植物提取物等，减少猪舍的臭气 在饲料中添加丝兰提取物（100～120 克 / 1 000 千克），可减少动物排泄物中 30% 左右的氨气含量。另外，还可以在贮粪池内、冲粪沟中和猪舍内等直接使用。在猪日粮中添加 5% 的沸石，可使排泄物中氨含量下降 21%。日粮中添加硫酸钙、氯化钙和苯甲酸钙能降低粪便的 pH 值，从而减少氨气的挥发。

5. 猪日粮中使用植酸酶，减少磷的排泄 在饲料中添加 200～1 000 个单位的植酸酶，可以减少粪中磷排出量的 25%～50%。日粮中添加植酸酶，还能提高其他矿物元素的利用率。

6. 使用其他添加剂，减少高铜、高锌造成的环境污染 日粮中铜和锌的添加量过大，造成过多的铜排放于土壤和水源中，使土壤中的微生物减少，造成土壤板结、土壤肥力下降。目前，可以考虑的添加剂包括卵黄抗体、益生素、寡糖、酸化剂等，其中卵黄抗体是应用于乳猪和仔猪日粮中，防止猪腹泻和促生长。

第三章

免疫接种技术

免疫接种是兽医防疫措施中一种很重要的手段，它能够使易感动物转化为非易感动物，从而防止疫病的发生。由于免疫接种可以使动物产生针对相应病原体的特异性抵抗力，所以它是一种特异性强、非常有效的防疫措施；同时，与药物预防、消毒等措施相比，具有省人、省力、节省经费等特点。

一、制定免疫计划

（一）免疫接种的类型

1. 预防接种　指在经常发生某类传染病的地区，或有某类传染病潜在的地区，或受到邻近地区某类传染病威胁的地区，为了预防这类传染病发生和流行，平时有组织、有计划地给健康动物进行的免疫接种。与紧急接种相比，预防接种在兽医临床实践中应用最多、最普遍。其中最典型的就是每年两次集中性的预防接种，即所谓的“春防”和“秋防”。预防接种通常使用疫苗、类毒素等生物制品作为抗原，使机体产生自动免疫力。

2. 紧急接种　指在发生传染病时，为了迅速控制和扑灭传染病的流行，而对疫区和受威胁区尚未发病的动物进行的免疫接种。目前对大群动物的紧急接种主要使用的仍是疫苗。紧急接种的时间是疫病被确诊之后，接种范围是疫区和受威胁区，接种的对象是尚未发病的易感动物。这些尚未发病动物可能已受感染，正处于潜伏期；或未受感染，属于健康动物。接种疫苗后，可能发生的情况是处于潜伏期的动物会加速发病死亡。因此，在疫苗接种后的一段时间内，动物发病数可能会增加，但随着免疫保护力的建立，发病情况会停止。此时，利用疫苗进行紧急接种就能在疫区和受威胁区形成免疫带，不但保护了未感染动物免受感染，而且防止了疫情的扩散与蔓延，有利于疫病的控制和扑灭。紧急接种应先从安全地区开始，逐头接种，以形成一个免疫隔离带；然后再到受威胁区；最后到疫区对假定健康动物进行接种。

3. 临时接种　指在引进或运出动物时，为了避免在运输途中或到达目的地后发生某种传染病而进行的预防免疫接种。临时接种应根据运输途中和目的地传染病流行情况进行免疫接种。

（二）制定免疫程序需考虑的因素

世上没有一成不变而又广泛适用的免疫程序，因为免疫程序本身就是动态的，随着季节、气候、疫病流行状况、生产过程的变化而改变。因此，每个猪场应根据当地实际情况制定适合本场的免疫程序，并确保能动态执行。猪场应根据《动物防疫法》及其配套法规的要求，结合当地实际情况，有选择地进行疫病的预防接种工作，并注意选择适宜的疫苗、免疫程序和免疫方法。免疫程序，应根据当地的疫情、疾病的种类和性质、猪只抗体和母源抗体的高低、猪只日龄和用途，以及疫（菌）苗的性质等方面的情况制定。

1. 免疫要达到的目的　不同用途、不同代次的猪，其免疫要达到的目的不同，所选用的疫苗及免疫次数也会不同。种猪生产周期长，一次免疫不足以提供长期的免疫力，需要多次免疫。另外，种猪免疫还应保证子代母源抗体水平。

2. 当地疫病流行情况　对当地没有发生可能、也没有从外地传入可能的传染病，就没有必要进行免疫接种。另外，能够及时治疗的疾病，如细菌性传染病，一般也不列入免疫范围。对未查清流行情况的新病，不能盲目使用疫苗，尤其是毒力较强和有散毒危险的弱毒疫苗，更不能轻率地使用。一般免疫的疫病种类主要指有可能在该地区暴发与流行的，如最近流行和正在临近猪场流行的。在免疫接种前，了解当地及周边地区有哪些传染病，然后制定适合本地区或本场的免疫计划。针对当地流行的疫病种类，决定所免疫苗的种类、时间与次数。

3. 抗体水平情况 动物体内的抗体水平与免疫效果有直接关系。在动物体内抗体能中和接种的疫苗，动物体内抗体水平高时接种疫苗往往不会产生理想的免疫力。因此，免疫应选择在抗体水平降低到临界线时进行。科学的免疫程序应该是在对抗体水平进行检测的基础上进行的。当母源抗体水平高且均匀时，推迟首免时间；当母源抗体水平低时，首免时间提前；当母源抗体水平高低不均匀时，可通过加大免疫剂量使所有动物获得良好的免疫应答。

4. 疫病的发生规律 有的疫病对各种年龄的猪都有致病性（如猪瘟等），而有的疫病只危害一定年龄的猪（仔猪黄痢主要危害5日龄以内仔猪，仔猪白痢主要危害10～30日龄仔猪，猪丹毒主要危害架子猪等）。有的传染病一年四季均可发生（如猪瘟等），有的传染病发生有一定季节性（如日本乙型脑炎以蚊子活跃的季节最易流行等）。因此，应依据不同疫病危害的猪只年龄、季节设计免疫程序，免疫的时间应在该病发病高峰前2周左右。这样，一则可以减少不必要的免疫次数；二则可以把不同疫病的免疫时间分隔开，避免疫苗间的相互干扰及免疫应激。

5. 疫病种类 不同的疫病应在不同的年龄段免疫，而且每种疫病免疫的时间应设计在本场发病高峰期前7～15天，以达到最好的效果。各种疫苗的免疫期及产生免疫力的时间是不相同的，要合理安排免疫时间，避免干扰现象，降低机体对某种疫苗的免疫应答反应，该作用在接种后2～3天最强，7～10天消失。两种疫苗使用间隔应在7天左右，或者是使用联苗，但不能随意将两种疫苗混合使用，因为有些疫苗间存在干扰作用，会导致免疫效果降低甚至失败。

6. 把握免疫时机　在疫病流行季节前1～2个月进行免疫接种，使疫病流行高峰时的免疫效果最好。

7. 疫苗的选择　一般情况下应首先选择毒力弱的疫苗做基础免疫，然后再用毒力稍强的疫苗进行加强免疫。弱毒苗、灭活苗、单价苗、多价苗、联苗等不同的疫苗，其免疫期、免疫途径、用途等均不相同。因此，设计免疫程序时应充分运用合理的免疫途径、疫苗类型刺激机体产生坚强的免疫力。活苗的优点是抗体产生快，免疫应答全面；灭活苗的优点是抗体产生高且维持时间长，不受母源抗体干扰；二者联合使用可以使动物机体产生强大的保护力。

8. 免疫间隔时间　根据免疫后抗体的维持时间决定。一般首免主要起到激活免疫系统的作用，产生的抗体低且保持时间短，与二免的间隔时间要短一些；二免作为加强免疫，产生的抗体高且维持时间长，与三免的间隔时间可以延长。猪流行性腹泻、猪流感等常在冬季流行，秋、冬季节间隔时间就要短一些。

9. 疫苗间的相互干扰　两种及两种以上的疫苗不能在同一天接种，更不能混在一起接种，最好间隔1周。

10. 饲养管理水平　不同规模的养猪场（户），其饲养管理水平不同，传染病发生的情况及免疫程序实施情况也不一样，免疫程序设计也应有所不同。

11. 及时评价免疫效果　一个免疫程序实行一段时间后，可根据免疫效果和临床使用情况，进行综合评价，若免疫效果不理想可及时进行调整。

（三）参考免疫程序

养猪场必须有适合自己的免疫接种程序，它包括接种的疫病种类、疫（菌）苗种类，接种时间、次数及间隔等内容。以下介绍的猪场免疫程序，仅供参考。

1. O型口蹄疫 对所有猪进行O型口蹄疫强制免疫。规模养猪场按下述推荐免疫程序进行免疫，散养猪在春、秋两季各实施一次集中免疫，对新补栏的猪要及时免疫。规模养殖猪和种猪免疫：仔猪，28～35日龄时进行初免；所有新生猪初免后，间隔1个月后进行一次加强免疫，以后每隔4～6个月免疫1次。散养猪免疫，春、秋两季对所有易感猪进行一次集中免疫，每月定期补免。有条件的地方可参照规模养猪场的免疫程序进行免疫。发生疫情时，对疫区、受威胁区域的全部易感家畜进行一次加强免疫。边境地区受到境外疫情威胁时，要对距边境线30千米以内的所有易感家畜进行一次加强免疫。最近1个月内已免疫的家畜可以不进行加强免疫。疫苗种类：口蹄疫O型灭活类疫苗，口蹄疫O型合成肽疫苗（双抗原）；空衣壳复合型疫苗在批准范围内使用。

2. 高致病性猪蓝耳病 为便于选择不同制苗毒株，各地要采取有效措施，做到一个县区域内只使用1种高致病性猪蓝耳病活疫苗进行免疫。规模养猪场免疫：商品猪，使用活疫苗于断奶前后初免，4个月后免疫1次；或者使用灭活苗于断奶后初免，可根据实际情况在初免后1个月加强免疫1次。种母猪，使用活疫苗或灭活疫苗进行免疫，150日龄前免疫程序同商品猪，以后每次配种前加强免疫1次。种公猪，使用灭活疫苗进行免疫，70日龄前免疫程序同商品猪，以后每隔4～6个月加强免疫1次。散养猪，春、秋两季对所有猪进行一次集中免疫，每月定期补免，有条件的地方可参照规模猪场的免疫程序进行免疫。发生疫情时，对疫区、受威胁区域的所有健康猪使用活疫苗进行一次加强免疫。最近1个月内已免疫的猪可以不进行加强免疫。疫苗种类：高致病性猪蓝耳病活疫苗、高致病性猪蓝耳病灭活疫苗。

3. 猪瘟 商品猪：25～35日龄初免，60～70日龄加强免疫1次。种猪：25～35日龄初免，60～70日龄加强免疫1次，以后每4～6个月免疫1次。每年春、秋两季集中免疫，每月定期补免。发生疫情时对疫区和受威胁地区所有健康猪进行一次加强免疫。最近 1 个月内已免疫的猪可以不进行加强免疫。疫苗种类：猪瘟活疫苗，传代细胞源猪瘟活疫苗。

4. 猪丹毒、猪肺疫　种猪：春、秋两季分别用猪丹毒和猪肺疫疫苗各免疫接种 1 次。仔猪：断奶后（30～35 日龄）分别用猪丹毒和猪肺疫菌苗免疫接种 1 次。70 日龄分别用猪丹毒和猪肺疫菌苗免疫接种 1 次。

5. 仔猪副伤寒　仔猪断奶后口服或注射 1 头份仔猪副伤寒弱毒冻干菌苗；对经常发生仔猪副伤寒的猪场和地区，为了加强免疫力，可在断奶前、后各免疫 1 次，间隔 3～4 周。

6. 仔猪黄白痢　未经仔猪黄白痢疫苗免疫过的初产母猪，于开产前 30～40 天和 15～20 天各免疫接种 1 头份；经过免疫的经产母猪，开产前 15～20 天免疫接种 1 头份；产后 3～5 天再给仔猪免疫 1 次。

7. 猪水肿病　仔猪出生后半个月，颈部肌内注射猪水肿病油乳剂灭活疫苗 1 头份，免疫期 6 个月。

8. 仔猪红痢　妊娠母猪初次注射本疫苗时，应接种 2 次，第一次在分娩前 1 个月，第二次在分娩前半个月。如妊娠母猪注射过本菌苗，分娩前半个月肌内注射仔猪红痢菌苗 1 头份，免疫期 1 年。

9. 猪细小病毒病　种公猪、种母猪：每年用猪细小病毒疫苗免疫接种 1 次。后备母猪：配种前 4～5 周免疫接种 1 次，2～3 周后再加强免疫 1 次，免疫期可达 7～12 个月。

10. 猪气喘病　种猪：成年猪每年用猪气喘病弱毒菌苗免疫接种 1 次（右侧胸腔注射）。妊娠母猪：2 个月后免疫接种 1 次。仔猪：7～15 日龄免疫接种 1 次。后备种猪：配种前再免疫 1 次。

11. 猪乙型脑炎　种猪、后备母猪在蚊蝇季节到来前（4～5 月份）用乙型脑炎弱毒疫苗免疫接种 1 次。

12. 猪传染性萎缩性鼻炎　公猪、母猪：春、秋两季各注射支气管败血波氏杆菌病灭活菌苗 1 次。仔猪：70 日龄注射 1 次。

13. 猪流行性腹泻、猪传染性胃肠炎　妊娠母猪：产前 30 天肌内注射猪流行性腹泻和猪传染性胃肠炎油乳剂灭活苗 1 头份。仔猪：7～10 日龄肌内注射 1 头份，免疫期半年。

14. 猪伪狂犬病 妊娠母猪：产前 30 天肌内注射猪伪狂犬病灭活疫苗 1 头份，可使仔猪后代在出生后 2 周内获得较强的免疫力。育肥猪：每年接种 1 次。仔猪：出生后 7～10 日龄首次注射半头份，断奶后注射 1 头份，免疫期为 12 个月。

（四）免疫的基本要求

1. 人员要求 免疫人员必须是兽医技术人员，其他协助人员应经过疫苗免疫技术、个人防护知识和防止疫病扩散知识的专门培训。

2. 动物健康状况要求 在疫苗使用前要对猪群的健康状况进行认真检查，猪群健康状况不佳时可暂缓用苗，这时免疫不但不能产生良好的免疫效果，而且可能会因接种应激而诱发疫病。

3. 免疫时机选择 使用疫苗最好在早晨，在使用过程中，应避免阳光照射和高温、高热环境。

4. 疫苗使用 活苗应现配现用，并最好在 2 小时内用完；灭活苗开封后最好当天用完。疫苗用后要注意观察猪情况，发现过敏反应或异常反应及时处理。

5. 免疫器械要求 接种疫苗用的器械都要事先消毒，注射器、针头要洗净并经高压或煮沸消毒后方可使用。根据猪只大小，选择大小、长度合适的针头。为防止交叉感染，给猪注射时，每次注射均必须更换一个针头。针头数量不足时，可边煮沸边使用。

6. 免疫时尽可能避免应激 免疫前给猪补充一些维生素 C 等，以提高免疫效果，减少应激，特别是毛皮动物造成的负面影响，建议在注射疫苗前后 3 天的饲料中添加少量的镇静剂和抗应激的维生素 C。

7. 环境要求 接种前 3 天搞好猪舍消毒工作，在用疫苗后 3 天内，禁用一切杀菌剂、杀虫剂，禁止喷雾消毒。免疫后要保护好猪群，免受野毒的侵袭。

8. 进出养猪场（户）或猪舍要严格消毒　防疫员开始工作前要更换工作服，进出养猪场（户）或猪舍必须走人行消毒通道（紫外线灯消毒的更衣室、消毒池或消毒盆）及穿消毒胶靴。携带物品的外包装要经喷雾消毒，免疫接种人员用消毒液洗手消毒。

（五）洪涝灾害后免疫接种

1. 重大动物疫病补免工作　规模养猪场（户）要结合防控工作实际情况切实做好口蹄疫等重大动物疫病的补免工作，对免疫监测中抗体不合格的生猪要及时补免。

（1）加强免疫，切实提高猪自身抵抗力　要根据应急监测情况，对抗体水平低、即将超过免疫保护期和新补栏猪尽快开展口蹄疫等动物重大疫病补免和强化免疫工作，在灾后尽快完成集中补免工作。重点对规模养猪场（户）抗体水平开展检测，确保规模场免疫抗体水平。要特别强化母猪、断奶仔猪免疫工作，做到应免尽免。要结合当地流行情况，对老疫区、人口密集区和临时人员安置点周围等地区开展紧急免疫。

（2）加强监测，及时消除疫情隐患　要进一步加大受灾地区动物疫情监测和流行病学调查力度，及时发现和排除隐患。重点对规模养猪场（户）、曾经发生过疫情的地区和其他高风险地区猪集中开展抗体检测工作。发现疫情要及时采样送检，做好监测和流行病学调查，从免疫、调运、周边疫情、饲养等方面综合分析疫情发生原因。

2. 疫情处置　发生洪涝灾害时易发的动物疫病包括日本血吸虫病、炭疽、猪链球菌病、猪肺疫、猪丹毒、钩端螺旋体病、乙型脑炎、高致病性猪蓝耳病等。应根据有关规定和相关防治技术规范做好疫病诊断、疫情处置、人员防护等工作。

二、疫　苗

（一）猪场常用疫苗

1. 口蹄疫疫苗　口蹄疫疫苗是一种灭活苗，是预防口蹄疫的发生、流行最主要的武器之一。疫苗应为乳状液，允许有少量油相析出或乳状液柱分层，若遇此可轻轻振摇使乳状液恢复均匀后使用。若遇破乳或超过规定的分层则不能使用。猪O型口蹄疫灭活疫苗用于预防猪O型口蹄疫，免疫持续期6个月。疫苗注射前充分摇匀，猪耳根后肌内注射，体重10～25千克注射2毫升；25千克以上注射3毫升。疫苗应在2℃～8℃下避光保存，严防冻结。有效期为1年。

2. 猪瘟疫苗　目前普遍使用猪瘟兔化弱毒疫苗。

（1）猪瘟洁净区　种公猪和母猪，每年春、秋各免疫1次，3头份/头。后备种公猪和母猪，选定后配种前免疫1次，3头份/头。仔猪，20～25日龄首免，60～65日龄二免，各2头份/头。

（2）猪瘟污染区　种公猪，每年春、秋各免疫1次，3头份/头。后备种公猪和母猪，选定后配种前免疫1次，3头份/头。经产母猪，产后20天和产前30天各免疫1次，3头份/头。仔猪，新生仔猪超前免疫（零时免疫），即出生后接种1头份/头，隔1～2小时后才可让其吃初乳；35～40日龄进行二免，2头份/头。

（3）猪瘟暴发区　在受猪瘟威胁地区和猪瘟暴发区，采用紧急接种猪瘟疫苗的措施，可有效地控制猪瘟的蔓延。在发生猪瘟的猪场对除哺乳仔猪外的所有猪只紧急接种，5～8头份/头，虽在注苗后3～5天可能会出现部分猪只死亡，但7～10天后可平息猪瘟。对已确诊的病猪采取扑杀的方法，如有条件可在疫情控制后进行普查，淘汰隐性带毒猪，控制传染源。

3. 高致病性猪蓝耳病灭活疫苗　根据高致病性猪蓝耳病疫情流

行情况，对猪群进行预防接种。对同一猪群接种时，尽量使用同一厂家、同一批号的疫苗。疫苗应采用冷藏运输，冬季运输应注意防冻。疫苗应在 2℃～8℃避光贮藏。疫苗仅用于健康猪群，高致病性猪蓝耳病发病猪禁用，屠宰前 21 日内禁用。

4. 猪伪狂犬病疫苗　目前普遍使用猪伪狂犬病 gE 基因缺失疫苗。

（1）猪伪狂犬病洁净区　种公猪和母猪，每年免疫 3～4 次，2 头份 / 头。后备种公猪和母猪，选定后配种前免疫 1 次，2 头份 / 头。仔猪，仔猪断奶前免疫 1 次，1 头份 / 头。

（2）猪伪狂犬病污染区　种公猪，每年免疫 3～4 次，2 头份 / 头。后备种公猪和母猪，选定后配种前免疫 1 次，2 头份 / 头。经产母猪，产后 20 天和产前 30 天各免疫 1 次，2 头份 / 头。新生仔猪可用滴鼻方式进行接种，0.5 头份 / 头；35～40 日龄二免，1 头份 / 头。

5. 日本乙型脑炎疫苗　后备种猪在配种前 1 个月接种 2 次减毒疫苗，每次间隔 15 天；疫区和受威胁地区的种猪可在每年流行季节前 1 个月（一般在 3～4 月份）接种 1 次。

6. 仔猪大肠杆菌性腹泻疫苗　目前常用的疫苗有仔猪大肠杆菌基因工程四价灭活疫苗、仔猪大肠杆菌基因工程三价灭活疫苗、仔猪大肠杆菌基因工程二价灭活疫苗、仔猪大肠杆菌遗传工程双价疫苗等。通常在母猪产前 4 周免疫 1 次，也可在母猪产前 5～6 周和 2～3 周各免疫 1 次，以保证初乳中有较高浓度的母源抗体。

7. 病毒性腹泻疫苗　常用的疫苗有猪传染性胃肠炎和猪流行性腹泻二联灭活疫苗、猪传染性胃肠炎和轮状病毒二联弱毒疫苗等。通常在母猪产前 4 周免疫 1 次。

8. 仔猪副伤寒疫苗　适用于 1 月龄以上哺乳或断奶健康仔猪。用口服法或注射法免疫均具有同样的预防效果。口服法：按瓶签注明头份，临用前用冷开水稀释（每头份按 5～10 毫升）均匀地拌入少量新鲜冷饲料中，让猪自由采食或将每头份疫苗稀释于 5～10 毫升冷水中给猪灌服。注射法：按标签注明的头份，用 20% 氢氧化铝

胶生理盐水按每头剂 1 毫升稀释疫苗，注射于猪耳后浅层肌肉。瓶签注明限于口服者不得注射。

9. 猪链球菌病疫苗 目前，较多使用的猪败血性链球菌病活疫苗（ST171 株）对预防 C 群猪链球菌病有很好的效果，而对一些血清型流行比较复杂的地区可考虑使用猪链球菌多价灭活疫苗，猪链球菌多价灭活疫苗可根据疫病的流行情况确定是否免疫和免疫的时间。猪败血性链球菌病活疫苗一般在仔猪断奶前使用，严格按说明书用量使用，不宜加大用量。猪链球菌病浓缩多价灭活疫苗，用于预防猪链球菌引起的败血症、脑炎、多发性关节炎及脓疱症等。公、母猪每年注射 2 次，每次肌内注射 3 毫升 / 头，1 月龄以上猪每次肌内注射 2～3 毫升 / 头。

10. 猪丹毒疫苗 用于预防猪丹毒，供断奶后的猪使用，免疫期为 6 个月。口服法：按瓶签注明头份，稀释拌入饲料中，让猪自由采食或冷开水稀释灌服。注射法：按瓶签注明头份，用 20% 氢氧化铝胶生理盐水稀释，每头 1 毫升皮下注射。

11. 猪肺疫疫苗 常用的疫苗有猪多杀性巴氏杆菌病活疫苗、猪多杀性巴氏杆菌病 A 型（群）活疫苗和猪多杀性巴氏杆菌二价活疫苗。猪肺疫活疫苗用于预防猪巴氏杆菌病，适用于各生长期的健康猪。免疫持续期为 10 个月。用口服法或注射法免疫均具有同样的预防效果。口服法：按瓶签注明头份，用冷开水稀释（每头 5～10 毫升）摇匀后拌入适量的饲料中，让猪自由采食；也可直接灌服稀释苗 5～10 毫升或用馒头蘸 5～10 毫升喂服。注射法：按标签注明的头份，用 20% 氢氧化铝胶生理盐水稀释，每头猪肌内或皮下注射 1 毫升。

12. 仔猪腹泻基因工程四价灭活疫苗 妊娠母猪临产前 21 天左右（前后不超过 2 天）注射。每支疫苗加 2 毫升 20% 氢氧化铝胶生理盐水，与疫苗混匀，注射于妊娠母猪耳根部皮下，每头母猪注射一针即可。

13. 猪传染性胸膜肺炎油乳剂灭活疫苗 免疫期为 6 个月。颈部肌内或皮下注射。新生仔猪 2 月龄时 2 毫升 / 头，2 周后加强免疫 1 次，2 毫升 / 头；成年猪 2 毫升 / 头。

14. 猪传染性萎缩性鼻炎—产毒多杀性巴氏杆菌二联灭活疫苗　母猪在产前 1 个月颈部肌内注射 2～3 毫升 / 头，公猪每年注射 2 次，每次 2～3 毫升 / 头。仔猪在 30 日龄注射 1 毫升 / 头。未免疫的母猪所生仔猪在 7 天和 25～28 天分别注射 0.5 毫升 / 头和 1 毫升 / 头。

猪场常用疫苗及免疫方法如下（表 3–1）。

表 3–1　猪场常用疫苗及免疫方法

疫苗种类	疫苗名称	免疫方法	备　注
冻干活疫苗	猪瘟活疫苗（Ⅰ，脾淋苗）	皮下或肌内注射	
	猪瘟活疫苗（Ⅱ，细胞苗）	皮下或肌内注射	
	猪丹毒活疫苗	皮下或肌内注射	
	猪多杀性巴氏杆菌病活疫苗	皮下或肌内注射	
	猪败血性链球菌病活疫苗	皮下或肌内注射	
	猪支原体性肺炎活疫苗	肌内注射	
	仔猪副伤寒活疫苗	皮下、肌内注射或口服	
	猪伪狂犬病活疫苗	肌内注射或滴鼻	
	猪乙型脑炎活疫苗	皮下或肌内注射	
	猪繁殖与呼吸综合征活疫苗	肌内注射	
	猪瘟、猪丹毒二联活疫苗	肌内注射	
	猪瘟、猪多杀性巴氏 杆菌病二联活疫苗	肌内注射	
	猪丹毒、猪多杀性巴氏杆菌病二联活疫苗	肌内注射	
	猪瘟、猪丹毒、猪肺疫三联活疫苗	肌内注射	
	猪传染性胃肠炎、流行性腹泻二联活疫苗	肌内注射	
	布鲁氏菌病活疫苗（猪 2 号）	皮下、肌内注射或口服	
	无荚膜（无毒）炭疽芽胞苗	皮下注射	
	Ⅱ号炭疽芽胞苗	皮下或皮内注射	

续表 3-1

疫苗种类	疫苗名称	免疫方法	备 注
灭活疫苗	猪多杀性巴氏杆菌病灭活疫苗	皮下或肌内注射	
	猪水肿病多价灭活疫苗	肌内注射	
	仔猪大肠埃希氏菌三价灭活疫苗	肌内注射	
	猪繁殖与呼吸综合征灭活疫苗	肌内注射	
	猪传染性胸膜肺炎灭活疫苗	皮下或肌内注射	
	猪伪狂犬病油乳剂灭活疫苗	肌内注射	
	猪细小病毒病灭活疫苗	肌内注射	
	猪细小病毒病油乳剂灭活疫苗	肌内注射	
	猪传染性萎缩性鼻炎二联油乳剂灭活疫苗	颈部皮下注射	
	乙型脑炎灭活疫苗	肌内注射	
	猪链球菌多价蜂胶灭活疫苗	肌内注射	
	牛、羊厌氧菌病灭活疫苗	皮下或肌内注射	预防仔猪传染性坏死性肠炎
	猪口蹄疫 O 型灭活疫苗	肌内注射	
	猪口蹄疫 O 型灭活（浓缩）疫苗	肌内注射	
基因工程疫苗	仔猪大肠杆菌 K88-LTB 双基因工程二价活疫苗	皮下、肌内注射或口服	

（二）疫苗的贮藏保存

根据不同疫苗品种的要求，选择相应的贮藏保存设备，如低温冰柜、电冰箱、液氮罐、冷藏柜等（图 3-1）。各种疫苗应保存在低温、避光及干燥的场所。灭活疫苗（包括油乳苗）、免疫血清、类毒素及各种诊断液等应保存在 2℃～8℃，防止冻结。由于佐剂的不同，保存方法也不尽相同：油佐剂灭活疫苗为灭活疫苗，以白油为佐剂乳化而成，大多数病毒性灭活疫苗采用这种方式。油佐剂灭活疫苗注入肌肉后，疫苗中的抗原物质缓慢释放，从而延长疫苗的作用时间。这类疫苗 2℃～8℃保存，禁止冻结。铝胶佐剂疫苗以铝胶按一定比例混合而成，大多数细菌性灭活疫苗采用这种方式，疫苗作用时间比油佐剂疫苗快。2℃～8℃保存，不宜冻结。蜂胶佐剂灭活疫苗是以提纯的蜂胶为佐剂制成的灭活疫苗，蜂胶具有增强免疫的作用，可增加免疫的效果，减轻注苗反应。这类灭活疫苗作用时间比较快，但制苗工艺要求高，需高浓缩抗原配苗。2℃～8℃保存，不宜冻结，用前充分摇匀。

弱毒冻干疫苗应保存在 -15℃以下，冻结保存（图 3-2）。特别注意冻干疫苗最忌反复冻融。

图 3-1　冷藏柜保存疫苗

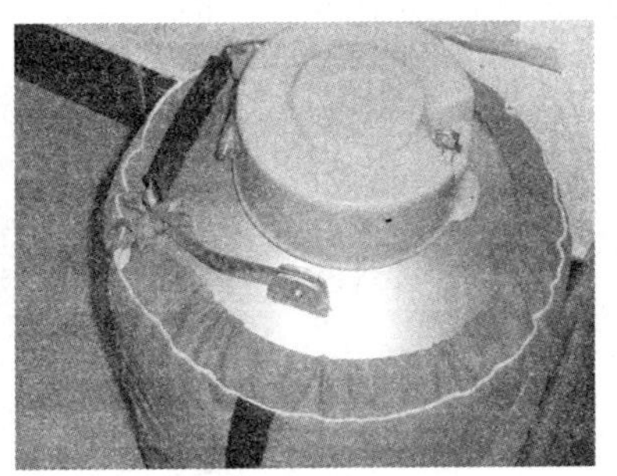

图 3-2　液氮罐保存弱毒冻干疫苗

（三）疫苗的运输

冻干活疫苗应冷藏运输（图 3-3）。如果量小，可将疫苗装入保温瓶或保温箱内，再放入适量冰块进行包装运输；如果量大，应用冷藏运输车运输。灭活疫苗宜在 2℃～8℃的温度下运输；夏季运输要采取降温措施，冬季运输采取防冻措施，避免冻结。各种疫苗要求包装完好，

图 3-3　疫苗运输冷藏箱

运输途中要避免高温和日光直接照射，尽快送至保存地点或预防接种地点。

三、免疫前的准备

（一）免疫器具、物品的准备

1. 器械 根据不同方法，准备所需要的器械，如注射器、针头、剪毛剪、镊子、玻璃棒、量筒、容量瓶、煮沸消毒器、耳标钳、带盖搪瓷盘、疫苗冷藏箱、冰壶、体温计、听诊器等（图3–4）。

针头大小要适宜，针头过短、过粗，注射后拔出针头时，疫苗易顺着针孔流出，或将疫苗注入脂肪层；针头过长，易伤及骨膜、脏器。2～4周龄猪，16号针头（2.5厘米）；4周龄以上猪，18号针头（4厘米）。

2. 防护用品 毛巾、防护服、橡胶手套、胶靴、工作帽、护目镜、口罩等（图3–5）。

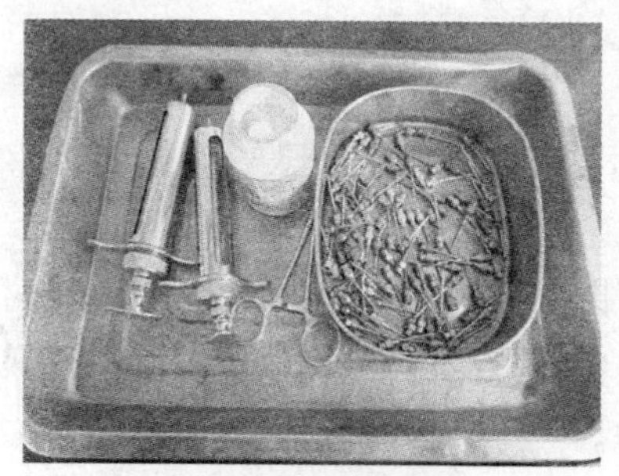

图3–4 免疫器械准备

图3–5 免疫防护用品

3. 药品 注射部位消毒：75%酒精、5%碘酊、脱脂棉等。人员消毒：75%酒精、2%碘酊、来苏儿或新洁尔灭、肥皂等。急救药品：0.1%盐酸肾上腺素、地塞米松磷酸钠、盐酸异丙嗪、5%葡萄糖注射液等。

4. 其他物品　免疫接种登记表、免疫证、免疫耳标、脱脂棉、纱布、冰块等。

（二）器械的清洗消毒

1. 冲洗　将注射器、点眼滴管等接种用具先用清水冲洗干净。玻璃注射器：将注射器针管、针芯分开，用纱布包好；金属注射器：应拧松活塞调节螺丝，放松活塞，用纱布包好；针头用清水冲洗干净，成排插在多层纱布的夹层中；镊子、剪子洗净，用纱布包好。

2. 灭菌　高压灭菌：将洗净的器械高压灭菌 15 分钟；煮沸消毒：放入煮沸消毒器内，加水淹没器械 2 厘米以上，煮沸 30 分钟，待冷却后放入灭菌器皿中备用。煮沸消毒的器械当日使用，超过保存期或打开后，需重新消毒后，方能使用（图 3–6）。

图 3–6　器械煮沸消毒

3. 注意事项　器械清洗一定要保证清洗的洁净度；灭菌后的器械 1 周内不用，下次使用前应重新消毒灭菌；禁止使用化学药品消毒；使用一次性无菌塑料注射器时，要检查包装是否完好和是否在有效期内。

（三）人员消毒和防护

免疫接种人员剪短手指甲，用肥皂、消毒液（来苏儿或新洁尔灭溶液等）洗手，再用 75% 酒精消毒手指。穿工作服、胶靴，戴橡胶手套、口罩、工作帽等。在进行气雾免疫和布鲁氏菌病免疫时应戴护目镜。

（四）检查生猪健康状况

为了保证免疫接种动物安全及接种效果，接种前应了解预定接种猪的健康状况。检查猪的精神、食欲、体温，不正常的暂缓接种。检查猪是否发病、是否瘦弱，发病、瘦弱的猪暂缓接种。检查是否存在幼小的、年老的、妊娠后期的猪，这些猪暂缓接种。对上述猪进行登记，以便以后及时补免。

（五）疫苗的准备

1. 检查疫苗外观质量 检查疫苗外观质量，凡发现疫苗瓶破损、瓶盖或瓶塞密封不严或松动、无标签或标签不完整（包括疫苗名称、批准文号、生产批号、出厂日期、有效期、生产厂家等）、超过有效期、色泽改变、发生沉淀、破乳或超过规定量的分层、有异物、有霉变、有摇不散凝块、有异味、无真空等，一律不得使用。

2. 仔细阅读使用说明书 使用前，仔细阅读疫苗使用说明书，看清疫苗的用途、用法、用量、不良反应和注意事项等。

3. 预温疫苗 疫苗使用前，应从贮藏容器中取出疫苗，置于室温（15℃～25℃）2 小时左右，以平衡疫苗温度。

4. 稀释疫苗 按疫苗使用说明书注明的头（只）份，用规定的稀释液，按规定的稀释倍数和方法稀释疫苗。疫苗稀释剂最好是用蒸馏水或去离子水，也可用洁净的深井水，但不能用自来水，因为自来水中的消毒剂会降低疫苗效价（图 3–7）。如果能在饮水或气雾的稀释剂中加入 0.1% 的脱脂奶粉，将会保护疫苗的活性。用于气雾免疫的稀释剂，应该用蒸馏水或去离子水，如果稀释水中含有盐，雾滴喷出后，由于水分蒸发，导致盐类浓度升高，会使疫苗灭活。稀释过程：稀释时先除去稀释液和疫苗瓶封口的火漆或石蜡；用酒精棉球消毒瓶塞；用注射器先抽取少量稀释液，注入疫苗瓶中，充分振荡，使其完全溶解；补充稀释液至规定量（图 3–8）。注意事项：如原疫苗瓶装不下，可另换一个已消毒的大瓶，但要用稀释液冲洗疫苗瓶几次，使全部疫苗所含病毒（或细菌）都被冲洗下来。

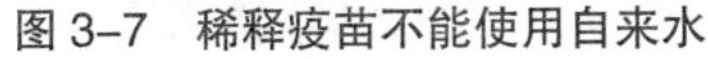
图 3–7　稀释疫苗不能使用自来水

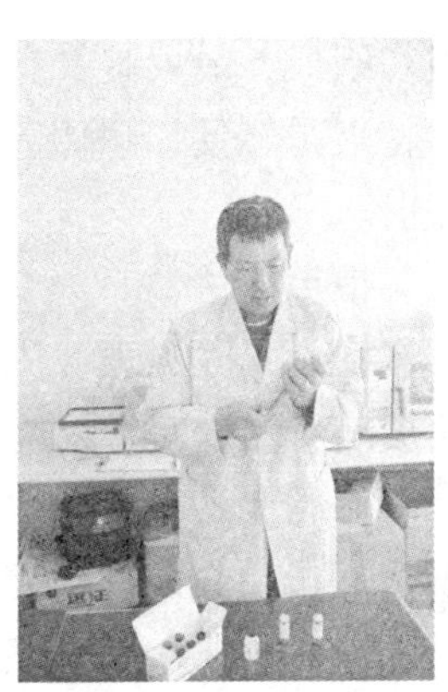

图 3–8　稀释疫苗

5. 吸取疫苗　轻轻振摇，使疫苗混合均匀；排净注射器、针头内水分；用 75% 酒精棉球消毒疫苗瓶瓶塞；将注射器针头刺入疫苗瓶液面下，吸取疫苗（图 3–9）。活疫苗稀释后尽量在 2 小时内用完，油乳剂灭活疫苗启封后，应于 24 小时内用完。使用连续注射器时，不需抽取疫苗，把注射器软管连接的长针插至疫苗瓶底即可，同时插入另一针头供通气用。吸取疫苗后，应排净空气（图 3–10）。

图 3–9　吸取疫苗

图 3–10　注射前排净空气

（六）注射器的使用

1. 金属注射器 主要由金属支架、玻璃管、橡皮活塞、剂量螺栓等组件组成，最大装量有10毫升、20毫升、30毫升、50毫升等规格，特点是轻便、耐用、装量大，适用于猪、牛、羊等中、大型动物注射。

（1）使用方法

①装配金属注射器 先将玻璃管置金属套管内，插入活塞，拧紧套筒玻璃管固定螺丝，旋转活塞调节手柄至适当松紧度。

②检查是否漏水 抽取清洁水数次；以左手食指轻压注射器药液出口，拇指及其余三指握住金属套管，右手轻拉手柄至一定距离（感觉到有一定阻力），松开手柄后活塞可自动回复原位，则表明各处接合紧密，不会漏水，即可使用。若拉动手柄无阻力，松开手柄，活塞不能回原位，则表明接合不紧密，应检查固定螺丝是否上正拧紧或活塞是否太松，经调整后，再行抽试，直至符合要求为止。

③针头的安装 消毒后的针头，用医用镊子夹取针头座，套上注射器针座，顺时针旋转半圈并略施向下压力，针头装上；反之，逆时针旋转半圈并略施向外拉力，针头卸下。

④装药剂 利用真空把药剂从药物容器中吸入玻璃管内，装药剂时应注意先把适量空气注进容器中，避免容器内产生负压而吸不出药剂。装量一般掌握在最大装量的50%左右，吸药剂完毕，针头朝上排空管内空气，最后按需要剂量调整计量螺栓至所需刻度，每注射一头猪调整1次。

（2）注意事项 金属注射器不宜用高压蒸汽灭菌或干热灭菌法，因其中的橡皮圈及垫圈易于老化。一般使用煮沸消毒法灭菌。每注射一头猪都应调整计量螺栓。

2. 玻璃注射器 玻璃注射器由针筒和活塞两部分组成。通常在针筒和活塞后端有数字号码，同一注射器针筒和活塞的号码相同。

使用玻璃注射器的注意事项：使用玻璃注射器时，针筒前端连接针头的注射器头易折断，应小心使用。活塞部分要保持清洁，否则可使注射器活塞的推动困难，甚至损坏注射器。使用玻璃注射器消毒时，要将针筒和活塞分开用纱布包裹，消毒后装配时针筒和活塞要配套安装，否则易损坏或不能使用。

3. 连续注射器　主要由支架、玻璃管、金属活塞及单向导流阀等组件组成（图 3–11）。最大装量多为 2 毫升，特点是轻便、效率高，剂量一旦设定后可连续注射动物而保持剂量不变。适用于家禽、小动物注射。使用方法及注意事项：调整所需剂量并用锁定螺栓锁定，注意所设定的剂量应该是金属活塞前对应玻璃管的刻度数。药剂导管插入药物容器内，同时容器瓶再插入一根进空气用的针头，使容器与外界相通，避免容器产生负压，最后针头朝上连续推动活塞，排出注射器内空气直至药剂充满玻璃管，即可开始注射动物。特别注意，注射过程要经常检查玻璃管内是否存在空气，有空气立即排空，否则影响注射剂量。

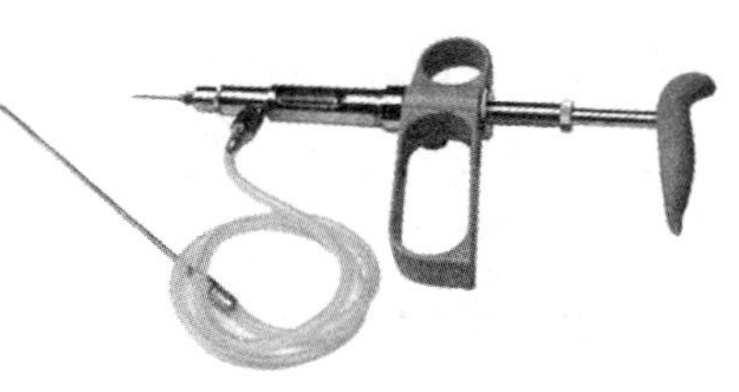

图 3–11　连续注射器

4. 注射器常见故障的处理　见表 3–2。

表 3–2　注射器常见故障的处理

故　障	原　因	处理方法	注射器种类
药剂泄露	装配过松	拧紧	金属、连续
药剂反窜活塞背后	活塞过松	拧紧	金属
推药时费劲	活塞过紧 玻璃管磨损	放松 更换	金属 金属
药剂打不出去	针头堵塞	更换	金属、连续
活塞松紧无法调整	橡胶活塞老化	更换	金属

续表 3–2

故　障	原　因	处理方法	注射器种类
空气排不尽（或装药时玻璃管有空气）	装配过松 出口阀有杂物 导流管破洞 金属活塞老化	拧紧 清除 更换 更换活塞和玻璃管	连续 连续 连续 连续
注射推药力度突然变轻	进口阀有杂物，药剂回流	清除	连续
药剂进入玻璃管缓慢或不进入	容器产生负压	更换或调整容器上空气枕头	连续

5. 断针的处理　残端部分针身显露于体外时，可用手指或镊子将针取出。断端与皮肤相平或稍凹陷于体内者时，可用左手拇指、食指二指垂直向下挤压针孔两侧，使断针暴露体外，右手持镊子将针取出。断针完全深入皮下或肌肉深层时，应进行标识处理。为了防止断针，注射过程中应注意以下事项：在注射前应认真仔细地检查针具，对认为不符合质量要求的针具，应剔除不用。避免过猛、过强地刺针。在进针行针过程中，如发现弯针时，应立即出针，切不可强行刺入。对于滞针等亦应及时正确地处理，不可强行硬拔。

四、猪的保定

猪的保定是对猪注射、用药必须实行的方法和手段，在实施保定之前，进入猪舍时必须保持安静，避免对猪产生刺激。小心地从猪后方或后侧方接近，用手轻挠猪背部、腹部、腹侧或耳根，使其安静，接受诊疗。从母猪舍捕捉哺乳仔猪时，应预先用木板或栏杆将仔猪与母猪隔离，以防母猪攻击。

（一）保定方法

1. 正提保定　适用范围：适用于仔猪的耳根部、颈部做肌内注射等。操作方法：保定者在正面用两手分别握住猪的两耳，向上提起猪头部，使猪的前肢悬空（图3–12）。

图 3–12　正提保定

2. 倒提保定　适用范围：适用于仔猪的腹腔注射。操作方法：保定者用两手紧握猪的两后肢胫部，用力提举，使其腹部向前，同时用两腿夹住猪的背部，以防止猪摆动（图 3–13）。

3. 站立保定　保定者用手抓紧猪的尾巴或两手分别抓住两后肢，使猪保持站立的姿势（图 3–14）。

图 3–13　倒提保定示意图

图 3–14　站立保定

4. 侧卧保定　适用范围：适用于猪的注射、去势等。操作方法：一人抓住一后肢，另一人抓住耳朵，使猪失去平衡，侧卧倒下，固定头部，根据需要固定四肢（图 3–15）。

5. 仰卧保定　适用范围：适用于前腔静脉采血、灌药等。操作方法：将猪放倒，使猪保持仰卧的姿势，固定四肢（图 3–16）。

6. 绳套（钢丝绳、三角带）保定　把绳一端做一个活套，在猪张口时，用绳套套住上腭，位置在犬齿的后方，拉紧或将绳的一端栓在栏杆或木桩上，这时，猪呈现用力后退姿势，可保持安全站

图 3–15　侧卧保定

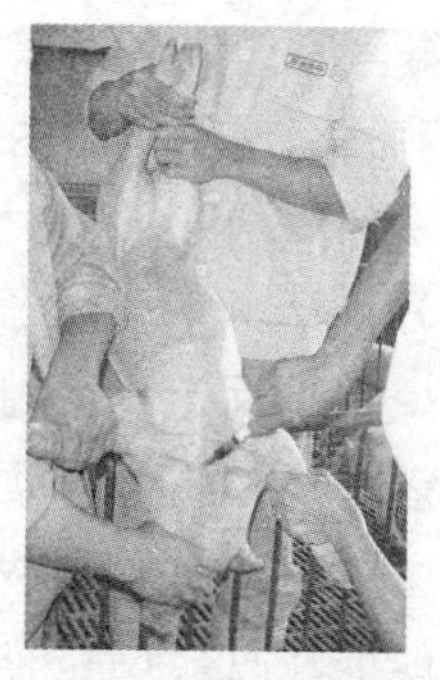
图 3–16　仰卧保定

立状态。这种方法适用于中、大猪注射、胃管投药及其他疗法（图 3–17、图 3–18）。

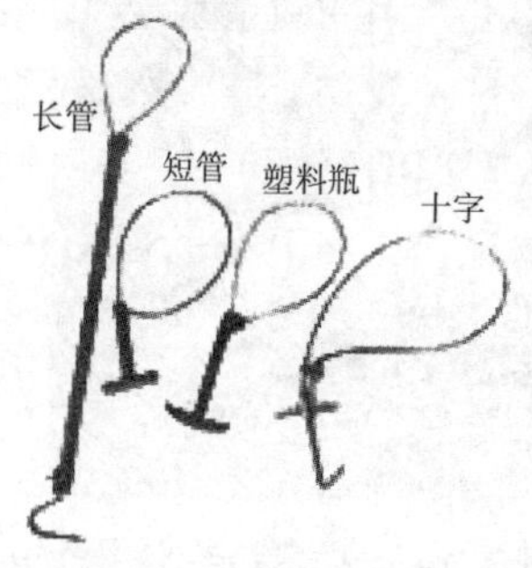

图 3–17　商品化绳套保定器

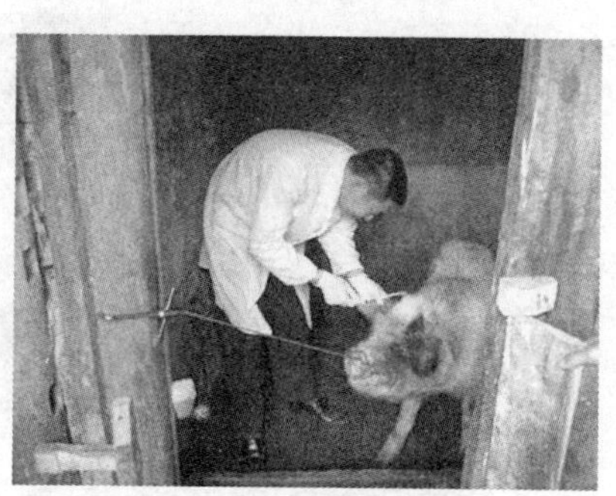
图 3–18　绳套保定

7. 保定棒保定　可自己制作保定棒（图 3–19、图 3–20）。

8. 保定架保定　用专用的保定架进行保定（图 3–21）。

9. 群猪挡板保定　对大群健康猪群进行预防注射时，可用一挡板将猪拦在一角，由于猪互相挤在一起，不能动弹，即可逐头进行注射。最好是注完一头后马上用颜色水液标记，以免重注（图 3–22）。

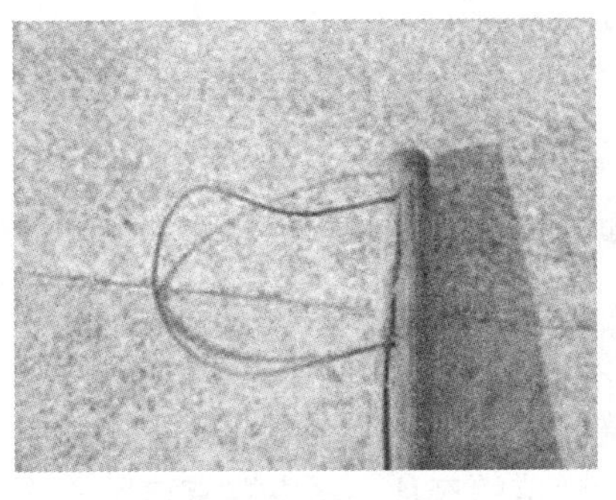

图 3–19　保定棒

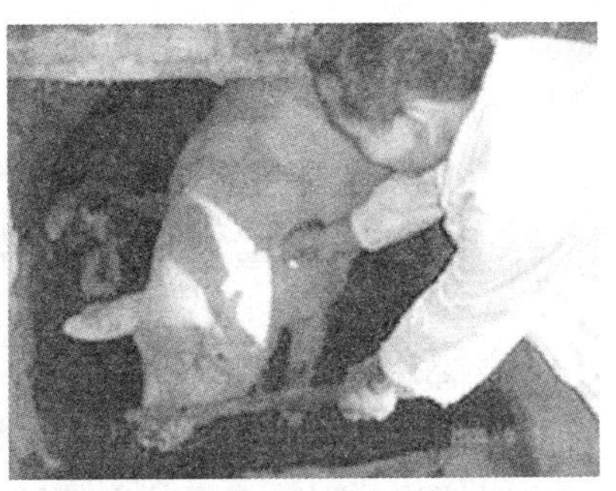

图 3–20　保定棒保定免疫注射

图 3–21　保定架母猪保定

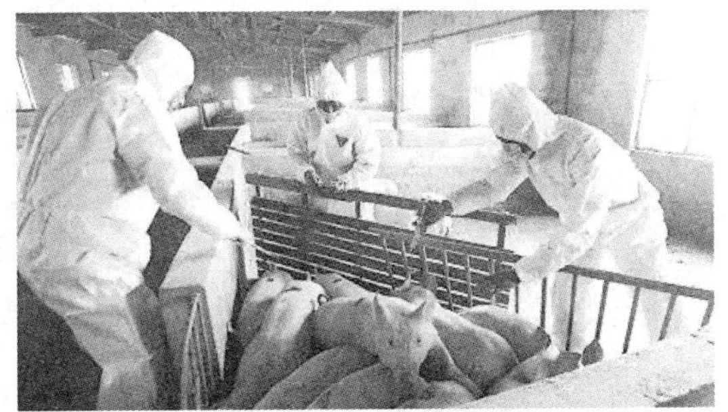

图 3–22　猪群挡板保定

（二）注意事项

①要了解生猪的习性，生猪有无恶癖，并应在畜主的协助下完成。

②保定时应根据猪个体大小选择适宜场地，地面平整，没有碎石、瓦砾等，以防生猪损伤。

③无论是接近单个生猪或猪群，都应适当限制参与人数，切忌一哄而上，以防惊吓生猪。

④保定时应根据实际情况选择适宜的保定方法，做到可靠和简便易行。

⑤保定生猪时所选用具如绳索等应结实，粗细适宜，而且所有

绳结应为活结，以便在危急时刻可迅速解开。

⑥注意做好个人安全防护。

五、免疫接种途径和方法

要想达到较好的免疫效果必须采用正确的免疫接种方法。疫苗种类不同，接种的方式也不一样。灭活苗、类毒素和亚单位苗主要经过肌内注射或皮下注射接种；活苗的接种方法主要有口服、饮水、滴鼻、点眼、气雾、刺种及注射等方法。各种接种途径应根据疫苗的种类及毒株的不同而定，具体应参照说明书执行。

（一）经口免疫法

分饮水和饲喂两种方法。经口免疫应按头数计算饮水量和采食量，停饮或停喂半天，然后按实际头数的150%～200%量加入疫苗，以保证饮、喂疫苗时，每个个体都能饮用一定量水和吃入一定量的饲料，得到充分免疫。此法省时、省力，适宜大群免疫，但每头猪饮（吃）入的疫苗量，不像其他免疫方法准确。另外，应注意疫苗用冷水稀释，最好不要用城市自来水，如必须用则先接水贮存1天再用，以减少氯离子对疫苗的影响。

（二）注射免疫法

1. 皮下注射法　接种部位在耳根后方或股内侧（图3–23）。皮下接种的优点是操作简单，吸收较皮内快；缺点是使用疫苗剂量多。大部分常用的疫苗和高免血清均可采用皮下注射。注射部位消毒：剪毛后，用5%碘酊棉球由内向外螺旋式消毒接种部位，最后用75%酒精棉球脱碘（图3–24、图3–25）。操作：左手拇指与食指捏取颈侧下或肩胛骨的后方皮肤，使其产生皱褶，右手持注射器针管在皱褶底部倾斜、快速刺入，缓缓推药。注射完毕，将针拔出，立即以药棉揉擦，使药液散开。进针方向：皮下注射时，平行

图 3-23　皮下注射部位示意图

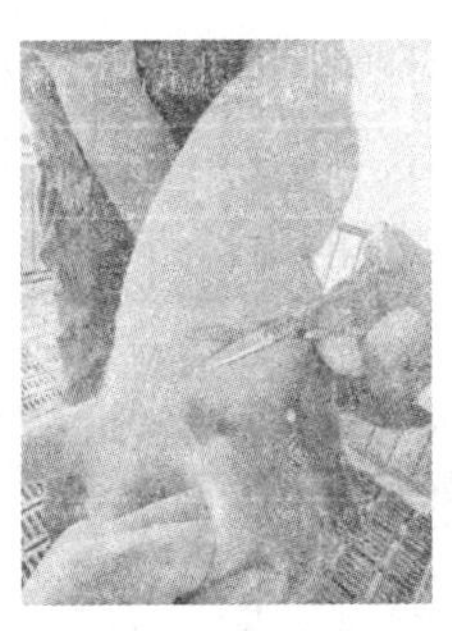
图 3-24　注射部位剪毛

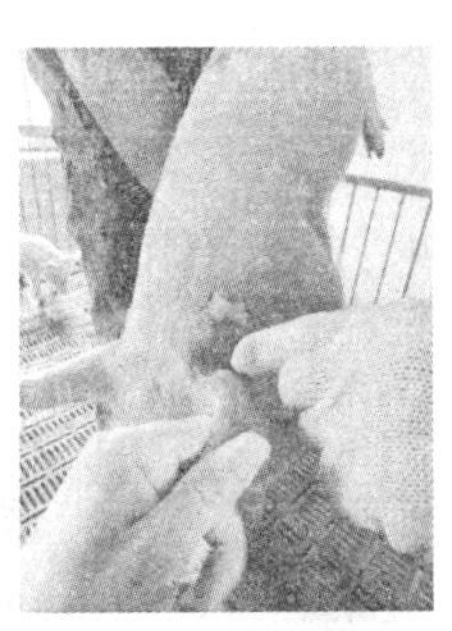
图 3-25　注射部位消毒

皱褶插针，以防刺穿皮肤，注射到皮外。注意事项：接种活疫苗时不能用碘酊消毒接种部位，应用 75% 酒精消毒，待干后再接种。避免将疫苗注入血管。

2. 皮内注射法　皮内注射部位，宜选择皮肤致密、被毛少的部位，接种部位在耳根后。皮内接种的优点是使用药液少，同样的疫苗较皮下注射反应小，同量药液较皮下接种产生免疫力高；缺点是操作麻烦，技术要求高。消毒后，用左手将皮肤挟起一皱褶或以左手绷紧固定皮肤，右手持注射器，将针头在皱褶上或皮肤上斜着使针头几乎与皮面平行，轻轻刺入皮内 0.5 厘米左右，放松左手；左手在针头和针筒交接处固定针头，右手持注射器，徐徐注入药液。如针头确在皮内，则注射时感觉有较大的阻力，同时注射处形成一个圆丘，突起于皮肤表面。注意事项：皮内注射时，注意不要注入皮下。选择部位尤其重要，一定要按要求的部位选择进针。皮内注射保定生猪一定要严格，注意人员安全。

3. 肌内注射法　接种部位应选择肌肉丰满、血管少、远离神经干的部位，可选择在臀部、颈部、耳后（图 3-26）。肌内注射的优点是药液吸收快，注射方法简便；其缺点是在一个部位不能大量注射。臀部如注射不当，易引起跛行。注射部位消毒：同皮下注射。操作：左手固定注射部位，右手拿注射器，针头垂直刺入肌肉内，然后用左手固定注射器，右手将针芯回抽一下，如无回血，将药慢慢注入，若发现回血，应变更位置（图 3–27）。注射完毕，拔出注射针头，涂以 5% 碘酊消毒。进针方向：肌内注射时，进针方向要与注射部位的皮肤垂直（图 3–28）。注意事项：若生猪不安或皮厚不易刺入，为防止损坏注射器或折断针头，可将针头取下，用右手拇指、食指和中指捏紧针尾，对准注射部位迅速刺入肌肉，然后接上注射器，注入药液。

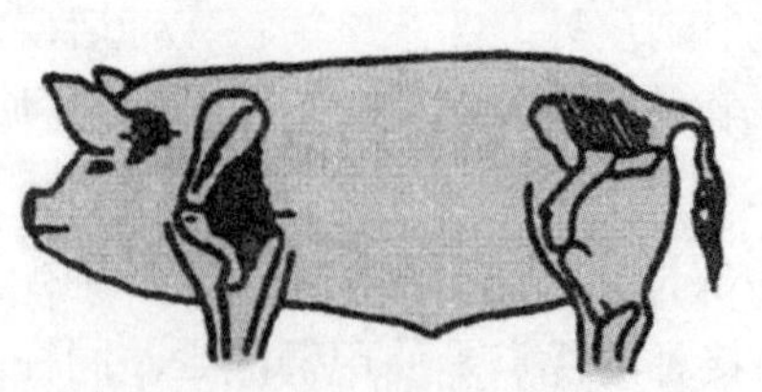

图 3–26　肌内注射部位示意图

图 3–27　耳后肌内注射

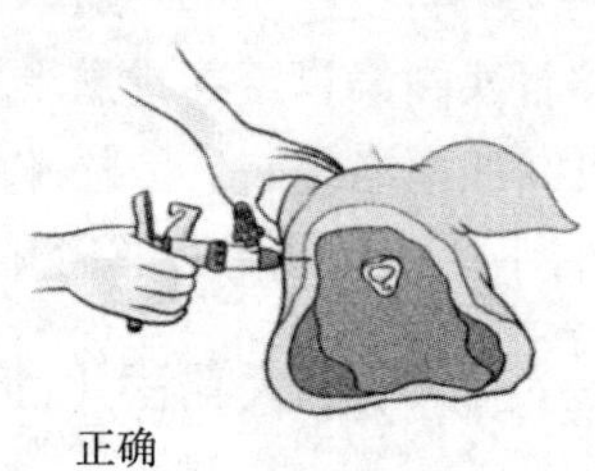

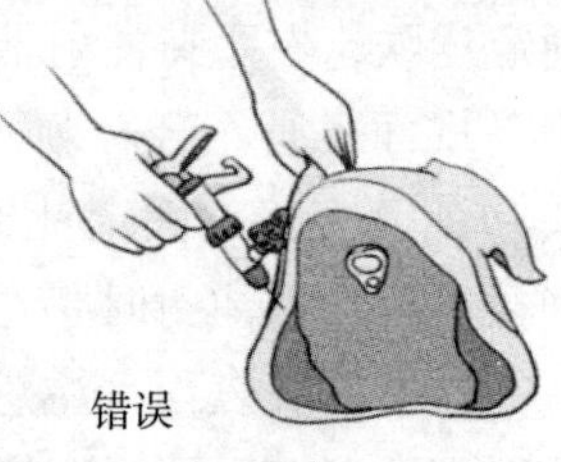

图 3–28　肌内注射进针方向示意图

4. 静脉注射法　接种部位在耳静脉或前腔静脉（图 3–29）。疫苗注射：保定生猪，局部剪毛消毒后，看清静脉，用左手指按压注射部位稍下后方，使静脉显露，右手持注射器或注射针头，迅速准确刺入血管，见有血液流出时，放开左手，将针头顺着血管向里略微送深入，固定好针头，连接注射器或输液管，检查有回血后，缓慢注入免疫血清。注射完毕后，用消毒干棉球紧压针孔，右手迅速拔出针头。为防止血肿，继续紧压针孔局部片刻，最后用 5% 碘酊消毒。兽医生物药品中的免疫血清除了皮下和肌内注射，均可静脉注射，特别是在紧急治疗传染病时。疫苗、诊断液一般不做静脉注射。静脉注射的优点是可使用大剂量，奏效快，可及时抢救患猪；缺点是要求一定的设备和技术条件。此外，如为异种动物血清，可能引起过敏反应（血清病）。

5. 穴位注射免疫　接种部位在猪后海穴或风池穴。后海穴：位于肛门和尾根之间的凹陷处（图 3–30）；保定猪只，将尾巴向上提起，局部消毒后，手持注射器于后海穴向前上方进针，刺入 0.5～4 厘米（依猪只大小、肥瘦掌握进针深度），注入疫苗，拔出针头。风池穴：位于寰、枕椎前缘上部的凹陷中，左、右各一穴；保定猪只，局部剪毛，消毒后，手持注射器垂直刺入 1 ～ 1.5 厘米（根据猪只大小、肥瘦掌握进针深度），注入疫苗，拔出针头。

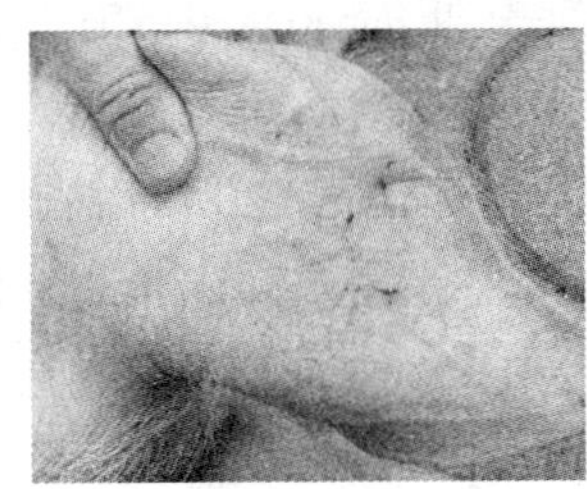

图 3–29　猪耳静脉

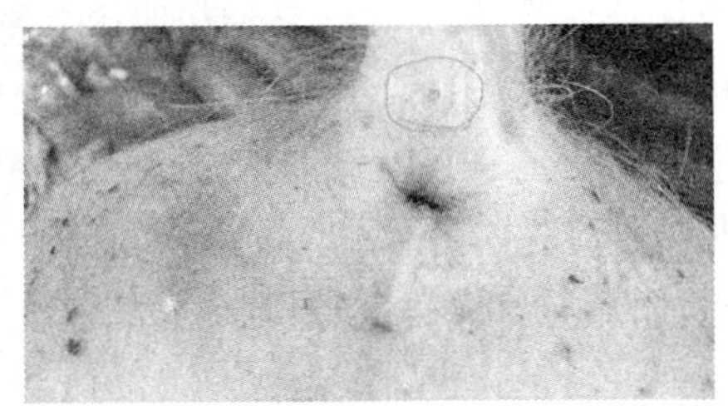

图 3–30　猪后海穴

六、标识和养殖档案

（一）标　识

猪养殖者应当向当地县级动物疫病预防控制机构申领猪标识，并按照下列规定对猪加施猪标识：新出生猪，在出生后 30 天内加施猪标识；30 天内离开饲养地的，在离开饲养地前加施猪标识；从国外引进猪，在猪到达目的地10日内加施猪标识。猪在左耳中部加施猪标识，需要再次加施猪标识的，在右耳中部加施。猪标识不得重复使用。

1. 佩戴工具 使用与耳标规格相匹配的耳标钳。对动物加施耳标前，要特别注意耳标、耳标钳、耳标钳针一定要配套，检查耳标钳针是否与耳标主标孔径相匹配、是否松紧适当（必要时应更换耳标针），否则容易打坏耳标、折断耳标钳针、损坏耳标钳，造成不必要的损失。对猪施加耳标时，要使耳标钳上的针头、针眼对应合理并调整到垂直，将主标、辅标放置于耳标钳的合适位置，耳标钳呈水平，在生猪相对安静的状态下，在生猪耳朵部位快速、有力地闭合耳标钳，使主、辅标完全扣合，按压、进针、退针一气呵成，做到稳、准、快，尽可能降低生猪耳朵撕裂的发生率。使用人员要爱惜并妥善保管耳标钳，在日常使用中应进行必要的维护与保养。耳标钳用完后要清洗消毒，保持耳标钳洁净和干燥。发现耳标钳的螺丝松动，要及时拧紧。长期不用时取适当润滑油或机油，用毛刷或抹布均匀涂抹耳标钳表面，装袋存放于通风干燥处。

2. 消毒 佩戴生猪耳标之前，应对耳标、耳标钳、耳标针、生猪佩戴部位进行严格的消毒。猪标识、耳标钳、耳标针用前以碘酊浸泡消毒；卡标部位应避开血管，用碘酊消毒并用酒精脱碘。对散养猪，可利用套猪器进行保定，以提高工作效率。

3. 佩戴方法 用耳标钳将主耳标头穿透生猪耳部，插入辅标锁扣内，固定牢固，耳标颈长度和穿透的耳部厚度适宜。主耳标佩戴于生猪耳朵的外侧，辅耳标佩戴于生猪耳朵的内侧。佩戴二维码耳标时，注意将二维码耳标的主、辅标放置于耳标钳的合适位置，查看并确认主标锥头与辅标孔相对应。在生猪相对安静的状态下，将耳标钳伸至生猪耳朵相对较薄的位置，然后快速、有力地压合耳标钳把手，主、辅标完全扣合。

二维码耳标佩戴存在的问题及处理解决方案如下（表3-3）。

表 3-3　二维码耳标操作故障解答

存在的问题	可能原因	处理解决方案
耳标打不进去	操作过程动作缓慢或力度不够	操作动作迅速，有力
	耳标钳针偏粗，未完全进入内孔	使用与内孔径相符的钳针
	主标锥头未对准辅标孔	主标锥头对准辅标
	耳标佩戴位置不合适	选择猪耳朵相对较薄的位置佩戴
主标锥颈侧弯、折断或碎标	耳标钳针与主耳标孔径不相符	更换与耳标相配套的钳针
打标结束后，耳标钳无法恢复原状	耳标钳针偏粗	使用配套的合适的耳标钳针
耳标钳针弯曲或折断	操作中钳针与生猪耳朵不垂直，产生偏角	使用统一型号耳标专用钳和钳针
	操作未完成，生猪挣扎引起	在生猪相对安静的状态下操作
耳标脱落	操作不当，主、副耳标未完全扣合，造成辅标脱落	选择生猪耳朵相对较薄的位置佩戴，确保主、辅标完全扣合
	生猪撕咬、撕扯或拖拽引起	尽量避免生猪有身体摩擦和冲撞

（二）养殖档案

猪场应当建立养殖档案，载明以下内容：猪的品种、数量、繁殖记录、标识情况、来源和进出场日期；饲料、饲料添加剂等投入品和兽药的来源、名称、使用对象、时间和用量等有关情况；检疫、免疫、监测、消毒情况；猪发病、诊疗、死亡和无害化处理情况；猪养殖代码；农业部规定的其他内容。猪场、养殖小区应当依法向所在地县级人民政府畜牧兽医行政主管部门备案，取得猪养殖代码。饲养种猪应当建立个体养殖档案，注明标识编码、性别、出生日期、父系和母系品种类型、母本的标识编码等信息。种猪调运时应当在个体养殖档案上注明调出和调入地，个体养殖档案应当随

同调运。养殖档案保存时间：商品猪 2 年，种猪长期保存。

（三）能繁母猪专用耳标及档案

为深入贯彻落实中国保监会、农业部《关于做好生猪保险和防疫工作的通知》和《关于进一步加强生猪保险和防疫工作促进生猪生产发展的通知》精神，农业部组织制定了《能繁母猪专用耳标技术规范（试行）》。中国人保财险总公司、中国动物疫病预防控制中心联合下发了《关于共同推进能繁母猪保险及防疫工作的通知》，并制定了能繁母猪保险及防疫合作工作实施方案、能繁母猪专用耳标及档案操作规范（试行），对专用耳标的形状规格、申请、生产、发放、佩戴、专用档案等均提出了明确要求。

1. 有关术语和定义

（1）能繁母猪　是指已经达到配种年龄并能够进行配种繁殖的母猪，本规范中特指 8～48 月龄之间能够进行配种繁殖的母猪。

（2）能繁母猪专用耳标　是指施加于能繁母猪耳部，用于证明能繁母猪身份，承载能繁母猪个体信息的标志物。

（3）能繁母猪专用耳标编码组成　由动物种类代码、县级行政区域代码、标识顺序号共 15 位数字及专用二维码组成。

（4）能繁母猪专用档案登记单　记录畜主姓名 / 场名、畜主身份证号码 / 组织机构代码，能繁母猪月龄、专用耳标号码、养殖地点、戴标时间及防疫人员信息的登记单，登记单一式两联，分为提交联和留存联。

2. 耳标样式

（1）组成与结构　能繁母猪专用耳标由主标和辅标两部分组成。

①主标　主标由主标耳标面、耳标颈、耳标头组成。耳标面，主标耳标面的背面与耳标颈相连，具固定功能，可阻止主标和辅标分离、脱落。耳标颈，连接主标耳标面和耳标头的部分，固定时穿透能繁母猪耳部并留在穿孔内。耳标头，位于耳标颈顶端的锥形体。

②辅标　辅标由辅标耳标面和耳标锁扣组成。耳标面，辅标耳标面与主标耳标面相对应，辅标耳标面的正面登载能繁母猪专用耳标编码。耳标锁扣，耳标锁扣位于辅标耳标面背面圆柱状突起内部，与耳标头相扣，在锁孔作用下，固定耳标。

（2）**形状**　能繁母猪专用耳标主标为圆形，辅标为铲形。

3. 颜色　能繁母猪专用耳标颜色为白色，CMYK 四色印刷系统颜色代码：青 C，品红 M，黄 Y，黑 K。

4. 耳标编码

（1）**编码构成**　能繁母猪专用耳标编码由 15 位阿拉伯数字号码和由数字号码计算得到的二维码组成。耳标数字号码组成为“畜种（1 位）县级行政区划代码（6 位）耳标顺序号（8 位）”，其中畜种为“7”。耳标二维码采用与农业部猪标识二维码相同的码制。激光刻制的二维码为中空的正方形，正方形内信息码元为 16×16 点阵排列。

（2）**编码刻制与格式**　能繁母猪专用耳标编码采用激光烧蚀技术刻制于辅标耳标面正面，上下两排，上排为耳标数字号码前 12 位，下排左侧为耳标二维码图像，右侧为耳标数字号码后 3 位。上排耳标数字号码采用四号宋体，下排右侧后三位数字号码采用一号宋体（图 3–31）。

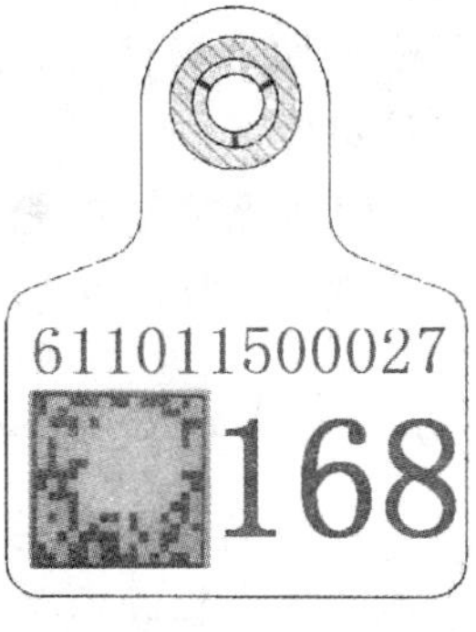

611011500027
168

图 3–31　耳标编码样式

5. 耳标佩戴位置　能繁母猪在右耳中部施加专用耳标，《猪标识和养殖档案管理办法》（农业部令第 67 号）规定的猪标识施加在左耳中部。

6. 能繁母猪保险及防疫合作工作　为有效发挥保险行业与防疫工作部门优势，加快推进动物标识及疫病可追溯体系建设，共同做好能繁母猪保险及防疫工作，人保公司与中国动物疫病预防控制中心联合下发了《关于共同推进能繁母猪保险及防疫》相关内容。关于死亡鉴定：

（1）**报案** 能繁母猪养殖场（户）或保户出现能繁母猪死亡情况应及时报县级人保财险支公司进行现场查勘定损。县级人保财险支公司接到报案后通知县级追溯体系实施机构指派防疫人员协助进行现场查勘定损。

（2）**现场查勘** 县级人保财险支公司查勘员会同县级追溯体系实施机构防疫人员共同到报案地点对能繁母猪死亡情况进行现场查勘定损。由县级追溯体系实施机构指派的防疫人员对能繁母猪死亡情况进行现场检验，诊断其死亡原因，填写《能繁母猪死亡鉴定报告》，一式两份，县级追溯体系实施机构与县级人保财险支公司各执一份。县级人保财险支公司查勘员依据防疫人员出具的《能繁母猪死亡鉴定报告》对死亡情况进行定损。同时，回收死亡能繁母猪所佩戴的专标。现场查勘鉴定：县级人保财险支公司接到能繁母猪死亡报案后，及时通知防疫人员协同进行现场查勘。防疫人员判断母猪死亡原因，出具死亡鉴定报告。鉴定信息录入：县级人保财险支公司登录档案系统，对照能繁母猪死亡鉴定报告录入母猪死亡信息。

（3）**无害化处理** 县级人保财险查勘员协助防疫人员按照国家有关规定，监督畜主对死亡的能繁母猪进行无害化处理。

（四）猪场标识及生产防疫信息报送

1. 工作原则和目标 养猪场标识及生产防疫信息报送工作要遵循“加强领导、密切协作，属地管理、逐级上报”的基本原则。通过建立规模养猪场动物标识及疫病可追溯体系，实现规模养猪场生产、标识、疫情和免疫等信息的及时上传、汇总和分析，为养猪生产宏观调控提供依据和手段，促进国家各项扶持政策和措施的落实，提高重大动物疫病防控及动物产品安全监管能力和水平。

2. 信息报送范围和内容 出栏量在1 000头以上的规模猪场。报送内容包括养猪场基本信息、养殖结构、存出栏数据、成活率、疫病状况和强制免疫等信息。

3. 信息报送和管理方式　猪场标识及生产防疫信息报送采取月报制。由猪场自行落实信息终端，按县（市）、省两级逐级上报至动物标识及疫病可追溯体系中央数据库。规模猪场可选择移动终端或固定终端两种模式报送相关信息。

七、免疫反应的处理

免疫接种后，在接种反应时间内，防疫人员要对被接种动物进行反应情况检查，详细观察饮食、精神、粪便等情况，并抽查体温，对副反应严重或发生过敏反应的应及时抢救、治疗，并应向畜主解释清楚。免疫接种后如产生严重不良反应，应采用抗休克、抗过敏、抗炎症、抗感染、强心补液、镇静解痉等急救措施，可注射0.1%盐酸肾上腺素或盐酸异丙嗪、地塞米松磷酸钠等药物对症治疗，必要时还可肌内注射安钠咖；对已休克的生猪，除迅速注射上述药物外，还可迅速针刺耳尖、尾根、蹄头、大脉穴，放血少许；民间还有针刺鼻镜至出血、冷水泼浇等急救方法。对局部出现的炎症反应，应采用消炎、消肿、止痒等处理措施；对神经、肌肉、血管损伤的病例，应采用理疗、药物和手术等处理方法；对合并感染的病例用抗生素治疗。

八、免疫监测

（一）主要疫病的抗体监测

免疫接种后是否达到了预期的效果，这是疫病预防中的一个非常重要的问题。大部分疫苗接种生猪后，可使生猪产生特异性的抗体，通过抗体来发挥免疫保护作用。因此，通过监测生猪接种疫苗后是否产生了抗体及抗体水平的高低，就可评价免疫接种的效果。

1. O型口蹄疫　猪免疫28天后，进行免疫效果监测。灭活类疫苗采用正向间接血凝试验、液相阻断酶联免疫吸附试验（ELISA），合成肽疫苗采用VP1结构蛋白ELISA。灭活类疫苗抗体正向间接血凝试验的抗体效价≥ 2^5 判定为合格，液相阻断ELISA的抗体效价≥ 2^6 判定为合格，合成肽疫苗VP1结构蛋白抗体ELISA的抗体效价≥ 2^5 判定为合格。存栏猪免疫抗体合格率≥ 70% 判定为合格。

2. 高致病性猪蓝耳病 活疫苗免疫28天后，进行免疫效果监测。高致病性猪蓝耳病ELISA抗体IRPC值 >20 判为合格。存栏猪免疫抗体合格率≥ 70% 判定为合格。

3. 猪瘟 免疫21天后，进行免疫效果监测。猪瘟抗体阻断ELISA检测试验抗体阳性判定为合格，猪瘟抗体间接ELISA检测试验抗体阳性判定为合格，猪瘟抗体正向间接血凝实验抗体效价≥ 2^5 判定为合格。存栏猪抗体合格率≥ 70% 判定为合格。

（二）监测结果的应用

猪场应根据定期的抗体消长规律确定首免日龄和加强免疫的时间；初次使用的免疫程序应定期测定抗体水平，发现问题及时进行调整；新生仔猪的免疫接种应首先测定其母源抗体的消长规律，并根据其半衰期确定首次免疫接种的日龄。监测中发现群体免疫抗体水平不合格的，按照有关免疫规定及时补免，确保免疫密度与质量。监测中发现病原学阳性的，按有关规定或防治技术规范进行处置。

九、猪场免疫失败原因分析

在生产实践中常常由于多种因素的影响而发生免疫失败。具体表现为疫苗接种的生猪发生相应疾病；疫苗接种后不发生相应疾病，但抵抗力下降；群体接种后未发生明显疾病，但引起群体生产性能下降；接种后生猪发生死亡；即使生猪不死也未表现临床症状，但体内检测不到相应的抗体。

（一）动物本身因素

1. 免疫力低下 免疫力是机体对抗原做出应答的能力，它能影响疫苗的免疫力。先天的免疫器官发育不全，免疫系统缺陷，如脾、法氏囊、胸腺发育不全，缺乏T、B淋巴细胞和巨噬细胞，接种疫苗后都会影响免疫力，达不到预期的免疫效果。

2. 母源抗体 母源抗体对于仔猪抵抗感染具有重要意义，然而母源抗体也会干扰首次免疫。如果在母源抗体处于高水平期间进行疫苗接种，母源抗体会中和疫苗成分并抑制其在仔猪体内的增殖，从而无法获得预期的免疫效果，甚至导致免疫失败。一些仔猪易患的疾病需高母源抗体的保护，如过早地使用活疫苗就会造成免疫失败，如猪瘟、猪传染性胃肠炎、猪流行性腹泻、仔猪黄痢等。只有根据母源抗体的消长情况，适时接种疫苗，才能有效地达到预期的免疫效果。

3. 免疫抑制 主要包括自身的免疫抑制、营养性免疫抑制、毒物与毒素所引起的免疫抑制、药物所引起的免疫抑制、环境应激所引起的免疫抑制、病原体感染所引起的免疫抑制等。机体感染免疫抑制性病原，会使其免疫系统受到不同程度的侵害，从而抑制了生猪免疫系统对疫苗的免疫应答能力，使疫苗保护力下降，如猪蓝耳病、猪圆环病毒Ⅱ型、附红细胞体病等都会损害免疫系统，导致免疫抑制。先天性发育不良或营养不良，也会引起抵抗力下降，在免疫接种后可能引起严重反应或导致免疫失败。

4. 应激反应 恶劣的饲养环境，如猪舍酷热、寒冷、拥挤、潮湿、不通风、气候骤变，使生猪机体处于应激状态，造成疫苗免疫效力降低。另外，饥渴、转群、去势、突然更换饲料、长途运输等不良因素的刺激也会引起应激反应，造成免疫失败。

5. 饲料中毒 在高温高湿的条件下饲料发生霉变，生长霉菌，释放霉菌毒素，特别是黄曲霉毒素和赭曲霉毒素具有淋巴细胞毒性，即使数量很少也可引起淋巴细胞毒性并抑制体液免疫和细胞免疫。

6. 野外强毒株流行，持续性感染猪长期带毒、排毒，病原发生变异　野外强毒株流行，持续性感染猪长期带毒、排毒是免疫失败的重要原因之一，如猪瘟野外强毒株导致猪场的猪瘟免疫失败。妊娠母猪感染猪瘟强毒株、野毒株后，可通过胎盘，造成乳猪在出生前即被感染，发生乳猪猪瘟。猪流感病毒易发生变异。由于动物群体免疫压力，动物群中流行毒株为逃脱中和抗体的作用可发生抗原变异。

7. 免疫耐受　发生特异性免疫耐受后，对疫苗病毒感染不产生免疫反应。但是，受到野毒感染后可发病，如仔猪胚胎在妊娠早期发生先天性感染，仔猪产后对猪瘟病毒具有免疫耐受现象，以后遭到猪瘟强毒感染后易发生猪瘟。

（二）疫苗因素

1. 血清型　口蹄疫、流感、胸膜肺炎放线杆菌、副猪嗜血杆菌病、链球菌病等含有多个血清型，而且部分血清型之间不能提供交叉保护，故选用疫苗毒株的血清型应与本地区和场流行毒株的血清型相一致。如果疫苗毒株（或菌株）的血清型未包括当地流行病原的血清型或亚型，则容易造成免疫失败。

2. 疫苗的质量　疫苗被污染或者疫苗质量达不到规定效价，都会影响免疫效果。为此疫苗的使用和采购要选用通过农业部《兽药生产质量管理规范》（兽药 GMP）认证的企业，不要使用来源不明、标识不清、非法生产和非法进口的疫苗。

3. 佐剂的应用不合理，忽视黏膜免疫　通过给猪群皮下或肌内注射不含佐剂或含一般佐剂的灭活苗，可刺激机体免疫系统产生 IgM 和 IgG 类抗体；但引起的细胞免疫较弱，很少产生保护黏膜表面的 IgA，不能控制肠道、呼吸道、乳腺、生殖道等黏膜表面感染。控制黏膜表面感染，需要依靠细胞免疫、分泌 IgA 的作用。使用弱毒苗或高效佐剂的灭活苗则可引起细胞免疫、黏膜免疫。例如，现在一些国外公司所生产的猪气喘病灭活菌苗就可引起细胞免疫，起到保护作用。

4. 疫苗相互干扰　有些病原的复制会影响其他病原的增殖。不同疫苗同时或以相同的途径接种，疫苗在动物机体内会相互干扰，影响彼此复制和免疫应答，结果会导致免疫失败，如猪蓝耳病疫苗会影响猪瘟活疫苗的免疫应答。

5. 疫苗存在污染　目前已发现有些病是通过接种疫苗途径暴发的。使用牛病毒性腹泻病毒污染的小牛血清制作的弱毒苗，可导致猪群的牛病毒性腹泻病毒感染。牛病毒性腹泻病毒污染了猪瘟疫苗，可抑制猪体内猪瘟病毒中和抗体的产生。

（三）免疫程序因素

1. 接种途径　接种途径不当不能产生适当的免疫力，如接种羊痘活疫苗需皮内注射，采用皮下注射则会降低免疫效果；猪萎缩性鼻炎要在颈部皮下注射，否则会导致免疫失败或不良反应。

2. 接种剂量　疫苗的接种剂量低于常规剂量，将达不到所需要的免疫水平。由于疫苗中病毒含量不足，活疫苗中病毒发生失活等原因导致的免疫失败，目前均较常见。如果不正确地保存、运输、使用疫苗，就可能导致免疫剂量不足，免疫失败。使用疫苗的免疫剂量过大，机体免疫应答就会受到抑制，发生免疫麻痹。超大剂量活疫苗感染在免疫抑制的情况下甚至可导致猪只发生临床疾病。

3. 接种时机　不同疫苗产生的免疫期和免疫次数不同，有的疫苗需在配种前免疫，有的需在产前接种，如果不按严格的免疫程序将会影响免疫力的产生。有的疫苗一次接种不能获得终生免疫，须多次加强免疫，以激活不同细胞克隆，特别是免疫记忆细胞，因此要考虑上一次免疫接种产生的抗体的半衰期。过早接种可能被抗体中和，接种过迟，会错过激发二次免疫应答的最佳时期，把握好免疫时机，才能够达到预期的免疫效果和目的。

4. 运输和保存　疫苗运输一定要低温快速，避免高温和阳光直射，有条件的用冷藏车，无条件的可使用冷藏箱放置冰块。不同类型疫苗，其保存温度有差异，因此要按说明要求保存。一般灭活苗需在 0℃～4℃冷藏保存，弱毒苗 –15℃～–20℃冷冻保存。疫苗应该注意保持温度稳定，尽量避免温度忽高忽低，切忌反复冻融，否则会引起活力和效价下降。疫苗不能超过有效保存期，包装破损、丧失真空度、瓶盖松弛、变色的疫苗都不能使用（图 3–32）。

图 3–32　疫苗冷藏运输车

第四章

猪场消毒技术

消毒是指应用物理的、化学的或生物学的方法，杀死物体表面或内部病原微生物的一种方法或措施。消毒是养猪场重要且必须的环节，目前，大多数的养猪场（户）主的消毒意识都很强，此项工作也在天天进行。但是，真正能够进行科学消毒的并不是很多，很大一部分人员对消毒的基本常识不是很清楚，往往只是跟从和模仿，导致消毒的效果并不是很理想。应定期对猪舍及其周围环境进行消毒。根据消毒的目的不同，可以将消毒分为3类，即预防性消毒、随时消毒和终末消毒。

一、消毒方法和消毒器械

猪场防疫工作中常用的消毒方法，主要包括物理消毒法、化学消毒法和生物热消毒法。每种方法都有其本身的优缺点，在实践中可根据实际情况和用途进行选择。

（一）物理消毒

1. 机械消毒　机械消毒是指用清扫、洗刷、通风和过滤等手段机械清除病原体的方法，是最普通、最常用的消毒方法。

（1）器具与防护用品准备　扫帚、铁锹、污物筒、喷壶、水管或喷雾器等，高筒靴、工作服、口罩、橡皮手套、毛巾、肥皂等。

（2）**个人防护** 穿戴防护用品。

（3）**清扫** 用清扫工具清除猪舍、场地、道路等的粪便、垫料、剩余饲料、尘土、各种废弃物等污物。清扫前喷洒清水或消毒液，避免病原微生物随尘土飞扬。应按顺序清扫，先上后下（棚顶、墙壁、地面），先内后外（先猪舍内，后猪舍外）。

（4）**洗刷** 用清水或消毒溶液对地面、墙壁、食槽、水槽、用具或生猪体表等进行洗刷，或用高压水龙头冲洗，随着污物的清除，也清除了大量的病原微生物。冲洗要全面彻底（图 4–1）。

图 4–1 冲洗圈舍

（5）**通风** 一般采取开启门窗、天窗，启动排风换气扇等方法进行通风。

（6）**过滤** 在猪舍的门窗、通风口处安置粉尘、微生物过滤网，阻止粉尘、病原微生物进入生猪舍内，防止生猪感染疫病。

2. 煮沸（蒸汽）消毒

（1）**煮沸消毒** 适宜金属制品和耐煮物品的消毒。在铁锅、铝锅或煮沸消毒器中放入被消毒物品，加水浸没，加盖煮沸一定时间即可；在水中加入 1%～2% 碳酸钠或 0.5% 肥皂有防止金属器械生锈和增强消毒的作用。

（2）**流通蒸汽消毒** 可以用来对多数物品如各种金属、木质、玻璃制品和衣物等进行消毒，其效果与煮沸消毒相似。在农村，可用铁锅或铝锅加蒸隔或蒸笼进行，一般加热至水沸腾，保持 30 分钟，可达到消毒目的，但不能杀灭细菌芽胞。

（3）**高压蒸汽消毒**　高压蒸汽灭菌器在兽医实验室和诊断室应用比较多。使用时，应控制在 121℃，保持 20 分钟，即可达到杀灭所有病原体和芽胞的效果（图 4–2）。

3. 焚烧消毒　焚烧是以直接点燃或在焚烧炉内焚烧的方法。主要是用于传染病流行区的病死动物、尸体、垫料、污染物品等的消毒处理（图 4–3）。

图 4–2　高压灭菌锅蒸汽消毒

图 4–3　焚烧炉焚烧消毒

4. 火焰消毒　对不易燃烧的圈舍、地面、栏笼、墙壁、金属制品可用火焰消毒。用火焰喷灯或火焰消毒机依次瞬间喷射，对产房、培育舍使用效果更好（图 4–4）。

5. 阳光 / 紫外线消毒　阳光是天然的消毒剂，一般病毒和非芽胞性病原菌在直射的阳光下几分钟至几小时可以杀死，阳光对于牧场、草地、畜栏、用具和物品等的消毒具有很大的实际意义。紫外线对革兰氏阴性菌、病毒效果较好，革兰氏阳性菌次之，对细菌芽胞无效；实际工作中，在猪场入口、更衣室等处，常用紫外线来对空气和物体表面进行消毒。使用紫外线灯时应注意：在室内安装紫外线灯消毒时，灯管以不超过地面 2 米为宜，灯管周围 1.5～2 米处为消毒有效范围。被消毒物表面与灯管相距以不超过 1 米为宜；紫外线灯的功效，按每 0.5～1 米 ^{2} 房舍面积需 1 瓦计算，无菌室不得低于每平方米 4 瓦；每次照射消毒物品的时间应在 2 小时以上；环境相对湿度不宜超过 40%，并应尽量减少空气中的灰尘和水雾（图 4–5）。

图 4–4　火焰消毒

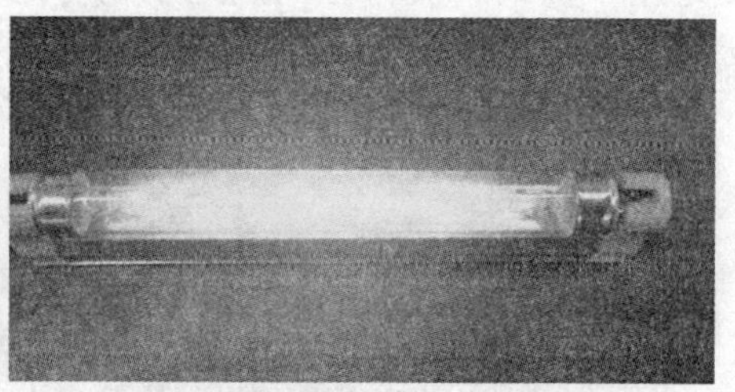

图 4–5　紫外线灯照射消毒

（二）化学消毒

1. 刷洗　用刷子蘸取消毒液进行刷洗，常用于食槽、饮水槽等设备、用具的消毒。

2. 浸泡　将需消毒的物品浸泡在一定浓度的消毒药液中，浸泡一定时间后再拿出来。如将食槽、饮水器等各种器具浸泡在 0.5%～1% 新洁尔灭溶液中消毒（图 4–6）。

3. 喷洒　喷洒消毒是指将消毒药配制成一定浓度的溶液（消毒液必须充分溶解并进行过滤，以免药液中不溶性颗粒堵塞喷头），用喷雾器或喷壶对需要消毒的对象（猪舍、墙面、地面、道路等）进行喷洒消毒。操作要点：根据消毒对象和消毒目的，配制消毒药。清扫消毒对象。检查喷雾器或喷壶。喷雾器使用前，应先对喷雾器各部位进行仔细检查，尤其应注意橡胶垫圈是否完好、严密，喷头有无堵塞等；喷洒前，先用清水试喷一下，然后再加入配制好的消毒药液（图 4–7）。

图 4-6　消毒液浸泡消毒

图 4-7　检查喷雾器

（1）**添加消毒药液，进行喷洒消毒**　首先要打气，当感觉有一定压力时，即可握住喷管，按下开关，边走边喷，还要一边打气加压，一边均匀喷雾。一般以“先里后外、先上后下”的顺序喷洒为宜，即先对猪舍的最里面、最上面（顶棚或天花板）喷洒，然后再对墙壁、设备和地面仔细喷洒，边喷边退；从里到外逐渐退至门口（图 4-8）。还可利用超声波雾化装置（图 4-9）。

图 4-8　喷洒消毒液

图 4-9　超声波雾化消毒系统

（2）**喷洒消毒用药量应视消毒对象结构和性质适当掌握**　水泥地面、顶棚、砖混墙壁等，每平方米用药量控制在 800 毫升左右；土地面、土墙或砖土结构等，每平方米用药量 1000～1200 毫升；舍内设备每平方米用药量 200～400 毫升。

（3）**善后处理**　当喷雾结束时，倒出剩余消毒液再用清水冲洗干净，防止消毒剂对喷雾器的腐蚀，冲洗水要倒在废水池内。把喷雾器冲洗干净后内外擦干，保存于通风干燥处。

4. 熏蒸消毒　常用40%甲醛溶液（福尔马林）配合高锰酸钾进行熏蒸消毒（图4–10）。要求猪舍能够密闭，在进猪前进行熏蒸消毒，消毒后有较浓的刺激气味，猪舍不能立即使用。

①根据消毒空间大小和消毒目的，准确称量消毒药品。如固体甲醛按每立方米3.5克；高锰酸钾与福尔马林混合熏蒸进行空舍熏蒸消毒时，一般每立方米用福尔马林14～42毫升、高锰酸钾7～21克、水7～21毫升，在空气相对湿度60%～80%条件下，熏蒸消毒7～24小时。

②将需要熏蒸消毒的猪舍彻底清扫、冲洗干净，然后关闭门窗和排气孔。

③将盛装消毒剂的容器均匀地摆放在要消毒的场所内，如猪舍长度超过50米，应每隔20米放1个容器。所使用的容器必须是耐燃烧的，通常用陶瓷或搪瓷制品。

④将水与高锰酸钾混合均匀，其后将40%甲醛倒入，经几秒钟即见有浅蓝色刺激眼鼻的气体挥发出来，此时应迅速离开猪舍，将门关闭。

⑤经过12～24小时后，方可将门窗打开通风换气。

5. 撒布消毒　将粉剂型消毒药品均匀地撒布在消毒对象表面。如用生石灰撒布在阴湿地面、粪池周围及污水沟等处进行消毒（图4–11）。

图4–10　熏蒸消毒

图4–11　生石灰撒布消毒

（三）生物热消毒

在猪场中最常用的是粪便的堆积发酵，利用嗜热细菌繁殖产生的热量杀灭病原微生物。此法只能杀灭粪便中的非芽胞性病原微生物和寄生虫卵，不适用于芽胞菌及患有危险疫病的猪粪便的消毒。生产中常用的有地面泥封堆肥发酵法、坑式堆肥发酵法等。

1. 地面泥封堆肥法　堆肥地点应选择在距离猪舍、水池、水井较远的地方。挖一宽 3 米，两侧深 25 厘米向中央稍倾斜的浅坑，坑的长度根据粪便的多少而定。坑底用黏土夯实。用小树枝条或小圆棍横架于浅坑上，以利于空气流通。坑的两端冬天关闭，夏天打开。在坑底铺一层 30～40 厘米厚的干草或健康猪的粪便，然后将要消毒的粪便堆积于上。粪便堆放时要疏松，干粪需加水浸湿，冬天应加热水。粪堆高 1.2 米。粪堆好后，在粪堆的表面覆盖一层厚 5～10 厘米的稻草或杂草，然后再在草外面封盖一层 10 厘米厚的泥土。这样堆放 1～3 个月后即达消毒目的（图 4–12）。

图 4–12　堆粪消毒

2. 坑式堆肥发酵法　在适当的场所设粪便堆放坑池若干个，坑池的数量和大小视粪便的多少而定。坑池内壁最好用水泥或坚实的黏土筑成。堆粪之前，在坑底垫一层稻草或其他秸秆，然后堆放待消毒的粪便，上方再堆一层稻草或健康猪的粪便，堆好后表面加盖 5～10 厘米厚的土或草泥。粪便堆放发酵 1～3 个月即达目的。堆粪时，若粪便过于干燥，应加水浇湿，以便其迅速发酵。另外，在生产沼气的地方，可把堆放发酵与生产沼气结合在一起。值得注意的是，生物发酵消毒法不能杀灭芽胞。因此，若粪便中含有炭疽、气肿疽等芽胞杆菌时，则应焚毁或加有效化学药品处理。

3. 影响消毒效果的因素

（1）微生物的数量 堆肥是多种微生物作用的结果，但高温纤维分解菌起着更为重要的作用。为增加高温纤维分解菌的含量，可加入 10%～20% 已经腐熟的堆肥土。

（2）温度 堆肥内温度一般以 50℃～60℃为宜，气温高有利于堆肥效果和堆肥速度的提高。

（3）水分的含量 水分含量以 30%～50% 为宜，过高会形成厌氧环境；过低会影响微生物的繁殖。

（4）堆料中有机物的含量 有机物含量占 25% 以上，碳氮比例为 25∶1 为宜。

（5）pH 值 中性或弱碱性环境适合纤维分解菌的生长繁殖。为减少堆肥过程中产生的有机酸，可加入适量的草木灰、石灰等调节 pH 值。

（6）氧气 堆肥需氧气，但通风过大会影响堆肥的保温、保湿和保肥，使温度不能上升到 70℃。

（7）堆的表面 堆肥表面的封泥对保温、保肥、防蝇和减少臭味都有较大作用，一般以 5 厘米厚为宜，冬季可增加厚度。

二、常用消毒剂的选择、配制与使用

（一）常用消毒剂的选择

理想的消毒药品应具备以下几个条件：对人和猪安全、没有残留毒性，不会在猪体内产生有害积累的消毒剂；杀菌性能好，作用迅速；对金属、木材、塑料制品等设备无损坏作用；性质稳定、无易燃性和易爆性；不会因自然界存在有机物、蛋白质、渗出液等而影响杀菌效果；价格低廉、容易买到。在生产实践中，应根据消毒剂和被消毒物品的性质、工作需要及环境来选择消毒剂。在选择购买消毒剂时，还应注意以下几个方面。

1. 根据消毒的目的选择消毒剂　一般常规消毒，使用中、低效消毒剂；终末消毒或疫情发生时，使用高效消毒剂，并考虑加大使用浓度和消毒密度。

2. 根据微生物的性质选择消毒剂　微生物的种类不同，对不同消毒剂的敏感性各异，甚至同一种处于不同生长阶段的微生物，对同一种消毒剂的敏感性亦不同，如肠道病毒对过氧乙酸的耐受力与一般细菌的繁殖体相似，但季铵盐类则对之无效，细菌的芽胞对消毒剂的耐受力远大于细菌的繁殖体。因此，必须使用杀菌力强的高效消毒剂或灭菌剂才能杀死芽胞，达到消毒的目的。因此，在选择使用消毒剂时，应考虑污染微生物的种类及特性。

3. 根据消毒物品选择消毒剂　目前，用于消毒的消毒剂种类繁多，对消毒物品的损坏程度不同，用途和用法各异，如有的消毒剂主要用于空气消毒，有的主要用于动物的皮肤和黏膜消毒，有的主要用于病猪分泌物和排泄物的消毒。因此，应根据所需消毒的对象和消毒剂的用途选择合适的消毒剂。

4. 选择合格的消毒剂产品　我国的消毒剂产品的生产和销售实行审批制度，在选择消毒剂时，应选择合法兽药生产企业生产的、并依法取得产品批准文号的兽药产品。

5. 注意消毒剂的有效使用期限　超过保质期的产品，消毒的效果不确实，因此，在选择消毒剂时要注意所选产品的生产日期及保质期。

（二）常用消毒剂

按性状分类，消毒剂分为固体消毒剂、液体消毒剂和气体消毒剂 3 类。按杀菌能力分类，常用化学消毒剂按其杀灭微生物的效能可分为高效、中效、低效消毒剂 3 类。高效消毒剂能杀灭包括细菌芽胞和真菌孢子在内的各种微生物，能灭活所有病毒。可作为灭菌剂使用的一定是高效的化学消毒剂，如含氯或含碘消毒剂、过氧乙酸、过氧化氢、臭氧、甲醛和戊二醛等。中效消毒剂能杀灭除细菌

芽胞以外的各种微生物，如乙醇（酒精）和煤酚皂溶液等。低效消毒剂只能杀灭一般细菌繁殖体、部分真菌和亲脂性病毒，不能杀灭结核杆菌、亲水性病毒和细菌芽胞，如洗必泰和新洁尔灭等。对于病毒的消毒使用高效消毒剂，才能有确切理想的效果。

1. 酚类 目前销售的酚类消毒药大多都含有两种或两种以上具有协同作用的化合物。由于酚类消毒剂使用时污染环境，目前该类消毒剂的应用在有些国家受到限制，在我国的应用也趋于逐步减少。一般酚类消毒剂主要用于猪舍、笼具、场地、车辆等环境及用具的消毒。一般使用 0.35%～1% 的水溶液，严重污染的环境可适当加大浓度，增加喷洒次数。本品为有机酸，禁止与碱性药物混合。

（1）苯酚 是酚类化合物中最古老的消毒剂，又名石炭酸，为无色或微红色针状结晶或结晶性块。有特殊的臭味和引湿性。0.2% 的苯酚只能抑制细菌的生长，杀菌则需 1%～2% 的浓度，病毒和芽胞对其耐受力很强，一般很难被杀死，5% 溶液需要 48 小时才能杀死炭疽芽胞。碱性环境、脂类、皂类等可减弱其杀菌作用。苯酚由于对组织的穿透力很强，在 0.5% 浓度时，具有局部麻醉作用，5% 溶液可对组织产生强烈的刺激和腐蚀作用，其蒸气对人和猪具有毒害作用。因此，目前已经逐渐被更有效、毒性更小的其他酚类消毒剂所取代。一般使用 3%～5% 苯酚溶液对猪舍、用具、运输车辆、排泄物和污物等进行消毒。

（2）甲酚 又称为煤酚，甲酚的抗菌作用比苯酚强 3～10 倍，对一些细菌尤其是生长期的病原性细菌消毒效果较好，但对细菌的芽胞体和病毒作用较差。常用的甲酚类消毒剂为甲酚皂溶液，又名来苏儿，3%～5% 来苏儿主要用于猪舍、日常器械和洗手等的消毒。

（3）复合酚 复合酚为新型、广谱高效的复合型消毒剂，亦是目前国内兽医临床常用的酚类消毒剂。复合酚含有 41%～49% 苯酚和 22%～26% 醋酸，为深红色的黏稠液体，有特殊臭味儿。对细菌、真菌和病毒均有杀灭性，也可杀死许多细菌的芽胞和动物寄生虫卵。复合酚消毒剂基本不受有机物的影响，作用快且持久，主要

用于猪舍、器具、排泄物及车辆的消毒。复合酚 100～200 倍稀释液，还可用于喷雾消毒。

2. 醇类　在实际工作中，应用最广泛的是乙醇。乙醇俗称酒精，常温、常压下是一种易燃、易挥发的无色透明液体。常用 75% 乙醇消毒注射部位和伤口部位的皮肤及浸泡消毒刀、剪等器械。乙醇易燃，不可接近火源。

3. 醛类　常用的醛类消毒剂有甲醛、戊二醛等。35%～40% 的甲醛溶液称为福尔马林。

（1）甲醛　又称为蚁醛，是一种具有强烈刺激气味的无色气体，易溶于水和乙醇，并在水中具有较好的稳定性。其 40% 的水溶液称为福尔马林，为无色的液体。主要用于猪舍、孵化室仓库、皮毛、衣物、器具等的熏蒸消毒。使用甲醛熏蒸消毒时，应将猪舍待消毒的物品、橱柜、用具等敞开，门窗和通气孔等关闭，按每立方米空间用 12.5～50 毫升的剂量，加等量水一起加热蒸发，以提高相对湿度，亦可加入高锰酸钾，产生高热蒸发。另外，其 2%～4% 水溶液可用于喷洒墙壁、地面和食槽等；1% 水溶液可用于器械消毒。甲醛刺激性强，可引起湿疹性皮炎、支气管炎等，不适用于皮肤和黏膜的消毒。

（2）戊二醛　研究发现，戊二醛的碱性溶液具有较好的杀菌作用。当 pH 值为 7.5～8.5 时，杀菌力最强，其杀菌力优于甲醛 2～10 倍，可快速杀死细菌的繁殖体和芽胞、真菌、病毒等。戊二醛性质稳定，对物品无损伤作用，有机物的存在对其消毒效果影响很小。临床常用 0.3% 的碳酸氢钠作缓冲剂；配制其 2% 的碱性溶液，对不宜加热处理的医疗器械、塑料及橡胶制品、生物制品器具等的消毒；亦可采用冲洗、清洗或喷洒的方法对污染物品、环境、猪舍、用具及粪便等进行消毒；另外，10% 戊二醛溶液，还可用于密闭空间表面的熏蒸消毒。

4. 碱类　主要有生石灰、氢氧化钠、氢氧化钾、碳酸钠等。

（1）生石灰　为白色或灰白色块状或粉末，主要成分为氧化钙，易吸水，加水后即生成氢氧化钙，俗称熟石灰或消石灰。1份生石灰（氧化钙）加1份水即制成熟石灰（氢氧化钙），然后用水配成10%～20%混悬液用于墙壁、圈栏、地面等的消毒。因熟石灰久置后吸收空气中二氧化碳变成碳酸钙而失去消毒作用，故应现配现用。生石灰粉可用于阴湿地面、粪池周围等处消毒。防疫期间，猪场门口可放置浸泡20%石灰乳的垫草对出入人员进行鞋底消毒。

（2）氢氧化钠 氢氧化钠俗称苛性钠，烧碱或火碱，为白色半透明的结晶状固体，具有强烈的腐蚀性，常用于预防病毒性和细菌性传染病的环境消毒或污染猪场的清理消毒。一般以2%溶液对巴氏杆菌、沙门氏菌、丹毒丝菌等细菌及口蹄疫病毒、猪瘟病毒、猪流感病毒、猪水疱病病毒等病毒污染的猪舍、入口处、地面、墙壁、食槽、运输车辆等进行喷洒或洗刷消毒。1%～2%热氢氧化钠溶液中加入5%～10%的食盐，可增强其对炭疽芽胞的杀灭性。氢氧化钠对皮肤和黏膜有刺激性，消毒猪舍前，应先驱出生猪。对织物、金属物品等有腐蚀作用，消毒完毕后，应清洗干净。

（3）碳酸钠（纯碱） 常用4%热水洗刷或浸泡衣物、用具、消毒车船和场地。

5. 酸类 包括无机酸和有机酸两种。

（1）无机酸 无机酸具有强烈的刺激和腐蚀性，应用范围有限。强酸类如盐酸和硫酸等，对繁殖型的细菌及芽胞均有强大的杀灭性，常用其稀释液消毒实验室内的实验用品。

（2）有机酸 有机酸的杀菌作用不强，主要用作防腐药。向饲料中加入一定量的甲酸、乙酸、丙酸等，可降低沙门氏菌及其他肠道菌对动物感染的机会；水杨酸、苯甲酸等则具有良好的抗真菌作用。

①醋酸 又称为乙酸，在常温下是一种具有强烈刺激性酸味的无色透明液体，纯的醋酸在低于熔点时会冻结成冰状晶体，所以无水醋酸又称为冰醋酸。醋酸易溶于水和乙醇，其水溶液呈弱酸性。5%醋酸溶液具有抗绿脓杆菌、嗜酸杆菌和假单胞菌属的作用，稀

释后内服，可治疗消化不良和瘤胃臌胀。2%～3%溶液可外用或冲洗口腔。0.5%～2%溶液用于冲洗感染创面。根据醋酸在水溶液中的离解能力确定它是一个弱酸，但是醋酸具有腐蚀性，其蒸气对眼和鼻有刺激性作用，因此，应避免与金属器械和眼睛接触，若遇与高浓度的醋酸接触，应立即用清水冲洗。

②乳酸 乳酸纯品为无色液体，工业品为无色到浅黄色液体。乳酸可用于猪舍、病房、手术室、实验室等场所的空气消毒。用其20%水溶液，按每立方米用6～10毫升量，加热蒸发，消毒30～60分钟，可有效杀灭空气中的革兰氏阳性菌和某些病毒。

③水杨酸 又称为邻羟基苯甲酸，是一种白色的结晶针状或粉状物。3%浓度以上的水杨酸对细菌、真菌具有较弱的杀灭作用，并有溶解角质的作用，但高于10%则对组织有破坏性。常用其2%～10%醇溶液或软膏治疗霉菌性皮肤病，在表皮软化脱落的同时，霉菌的菌丝也随之脱去。40%浓度以下则适用于治疗鸡眼、厚茧、病毒疣等。

④硼酸 硼酸实际上是氧化硼的水合物，为无色微带珍珠光泽的结晶或白色疏松的粉末。常用其2%～4%溶液洗眼或冲洗黏膜。本品外用一般毒性不大，但易被损伤皮肤吸收引起中毒，内服则影响神经中枢。

6. 氧化剂类 氧化剂是一些含不稳定结合态氧的化合物，具有强氧化能力，可杀死所有的微生物，是一类广谱高效的消毒剂。

（1）高锰酸钾 为紫黑色结晶或结晶性粉末，带蓝色金属光泽；易溶于水，溶液依其浓度不同而呈现暗紫色至粉红色。高锰酸钾的杀菌力和除臭效果比过氧化氢强且持久，但其杀菌效果易受有机物的影响，有机物的存在可使其迅速分解，杀菌作用减弱。低浓度的高锰酸钾可杀死多数细菌的繁殖体，0.1%～0.2%高锰酸钾溶液常用于创面消毒；2%～5%高锰酸钾溶液在24小时内可杀死细菌的芽胞，常用于饮水器、食槽、器具等的喷洒和浸泡消毒。酸性环境可增强高锰酸钾的杀菌效力，如在1%高锰酸钾溶液中加入1%

的盐酸，则能在30秒钟内杀死许多细菌的芽胞。高锰酸钾常温下即可与甘油等有机物反应甚至燃烧，高浓度时腐蚀性较强，会造成局部腐蚀溃烂，使用时应注意。40%甲醛加高锰酸钾用作熏蒸，对物体表面消毒。

（2）**过氧乙酸（过醋酸）** 为无色透明液体，有强烈刺激性气味，易溶于水和酒精，性质不稳定，易挥发，需密闭避光贮存于低温处。市售消毒用过氧乙酸多为20%浓度的制剂，亦有成品为40%的水溶液。低浓度的水溶液，容易分解，使药效降低，应现用现配。本品为强氧化剂，具有高效、快速和广谱的抑菌和杀菌作用，能杀死病毒、细菌、真菌及细菌的芽胞，可广泛应用于除金属制品和橡胶以外的大多数器具及环境消毒。常用其0.04%～0.2%溶液对耐酸塑料、玻璃、陶瓷用具等进行浸泡消毒；0.05%～0.5%的溶液对猪舍地面、墙壁、通道、食槽等进行喷雾消毒。过氧乙酸对金属具有腐蚀性，因此不能用于金属器械的消毒；对眼睛、皮肤、黏膜和上呼吸道有强烈刺激作用，使用时应注意，不可直接用手接触，配制溶液时应佩戴橡胶手套，防止药液溅到皮肤上。市售成品40%水溶液性质不稳定，须避光低温保存，现用现配。

（3）**过氧化氢** 过氧化氢溶液又称为双氧水，为无色澄清的液体，含过氧化氢2.5%～3.5%，市售品还有含过氧化氢26%～28%的浓过氧化氢溶液。猪舍空气消毒时使用1.5%～3%过氧化氢喷雾，每立方米20毫升，作用30～60分钟，消毒后通风。10%的过氧化氢可杀灭芽胞。温度越高杀菌力越强。空气相对湿度在20%～80%范围内，湿度越大，杀菌力越强；空气相对湿度低于20%时，杀菌力较差。浓度越高，杀菌力越强。过氧化氢具有强腐蚀性，避免用金属制容器盛装；配制使用时应戴防护手套、防护镜，须现用现配；成品消毒剂避光保存，严禁暴晒。

（4）**臭氧** 臭氧是一种强氧化剂，具有广谱杀菌作用，溶于水时杀菌作用更强，能有效杀灭细菌、真菌和病毒等，对原虫及其卵囊亦有较好的杀灭性；还兼有除臭、增加猪舍内氧气含量的作用，用于空气、水体、用具等的消毒。饮水消毒时，臭氧浓度为 0.5～1.5 毫克 / 升，水中剩余臭氧量 0.1～0.5 毫克 / 升，保持 5～10 分钟可达到消毒要求。常温和空气相对湿度 82% 条件下，臭氧对空气中的自然菌杀菌率为 96.7%，对物体表面大肠杆菌和金黄色葡萄球菌等的杀灭率为 99.97%。臭氧的稳定性差，有一定的腐蚀性，且受有机物影响较大；但使用方便、刺激性小，作用快速、无残留污染。

（5）二氧化氯 常温下为黄色至红黄色具有强烈刺激性臭味儿的气体；11℃时凝聚成红棕色液体，–59℃时凝结成橙红色晶体；易溶于水，在水中的溶解度是氯的 5～8 倍。二氧化氯具有强氧化性，能有效杀死病毒、细菌、原生生物、藻类、真菌和各种孢子及孢子形成的菌体；且 pH 值适用范围广，能在 pH 值 2～10 范围内保持很高的杀菌效率；对人体及动物没有危害，对环境不造成二次污染。适用于猪活动场所的环境、场地、栏舍、饮水及饲喂用具等的消毒。现在用于环境、空气、场地、笼具等喷雾消毒的浓度为 200 毫克 / 升；用于猪饮水消毒的浓度为 0.5 毫克 / 升；猪舍消毒时，用 500 毫克 / 升浓度喷雾至垫草微湿；预防各种细菌、病毒传染，用 500 毫克 / 升溶液喷洒；而 1 000 毫克 / 升的溶液，则用于烈性传染病及疫源地的喷洒消毒。

7. 卤素类 主要有漂白粉、氯胺、次氯酸盐、二氯异氰尿酸钠（优氯净）、碘伏（强力碘）、碘酊、碘甘油、聚维酮碘等。

（1）含氯消毒剂 溶于水中能产生次氯酸的消毒剂称为含氯消毒剂。含氯消毒剂杀菌谱广，能有效杀死细菌、真菌和病毒，作用迅速，工艺简单，便于推广。但在养猪场应用时，受有机质、还原物质及 pH 值的影响较大，而且腐蚀性和气味儿浓烈，应用时应注意。常用的含氯消毒剂主要有以下几种。

①漂白粉 又称为氯化石灰或含氯石灰，是一种应用较广的含氯化合物，为次氯酸钙、氯化钙和氢氧化钙的混合物，白色颗粒状粉末，微溶于水和酒精，新制漂白粉的有效氯含量一般在 25%～

30%，但遇酸后分解，且容易潮解而逐渐失去杀菌效力。因此，应将漂白粉保存于密闭、干燥的容器中，放于阴凉通风处。在适当保存的情况下，有效氯每月损失 1%～3%，当有效氯低于 16% 时则不再适用于消毒。因此，在使用漂白粉前，应先测定其有效氯的含量。主要用于饮水、猪舍、场地、地面、运输车辆、粪便等的消毒。临床上常用其 1%～3% 的澄清溶液对食槽、饮水槽、饮水器及其他非金属用品进行消毒，5%～20% 的乳剂对猪舍、粪池、车辆和排泄物等消毒，0.03%～0.15% 浓度的用于饮水消毒。漂白粉对皮肤和黏膜有刺激性，操作时应做好防护。漂白粉现用现配，贮存久了有效氯的含量逐渐降低；不能用于有色棉织品和金属用具的消毒；不可与易燃、易爆物品放在一起，应密闭保存于阴凉干燥处；漂白粉有轻微毒性，使用浓溶液时应注意人、畜安全。

②氯胺　又称氯亚明或对甲苯磺酰氯胺钠，别名为氯胺、密安宁、托拉明、可罗拉民丁。本品为白色或微黄色结晶性粉末，含有效氯 11% 以上。氯胺对细菌、病毒、真菌、芽胞均有杀灭作用，且杀菌作用缓慢而持久。对组织刺激性和受有机物影响小，还可溶解坏死组织。适用于饮水、污染器具和猪舍的消毒及创面、黏膜的冲洗。一般饮水消毒按 4 克 / 米 ^{3}，0.5%～5% 用于食槽、污染器具及猪舍的消毒，1%～2% 溶液用于创伤消毒。

③二氯异氰尿酸钠（优氯净）　为新型的广谱、高效、安全消毒剂。本品为白色粉末，含有效氯 60%～64%。主要用于猪舍空气、分泌物和排泄物等的消毒。临床上常用其 0.5%～1% 的水溶液对猪舍地面和笼具进行喷洒消毒；0.25% 水溶液用于器皿的浸泡消毒；5%～10% 的水溶液用于杀灭细菌的芽胞，由于水溶液稳定性较差，应在临用前现配；亦可用其干粉处理排泄物或其他污染物品。

④次氯酸钠　次氯酸钠是钠的次氯酸盐。次氯酸钠与二氧化碳反应产生的次氯酸是漂白剂的有效成分。工业次氯酸钠为微黄色溶液，存在铁时呈现红色。含有效氯为 10%～13%，为高效、快速的广谱消毒剂。可以有效杀灭细菌、真菌和病毒。可用于饮水、猪舍

环境及用具等的消毒。次氯酸钠呈强碱性，遇酸和有机物不稳定。遇光或受热可快速分解，故应在密闭的容器中低温、避光保存。

⑤溴氯海因　本品为白色粉末，微溶于水，干燥时稳定，有轻微的刺激气味。一般在偏碱性环境，杀菌效果较差。在酸性环境使用时，效果较好。溴氯海因可有效避免这种情况的发生，在 pH 值 5～9 的范围内均有良好的杀菌效果；且在 pH 值 5.8～7 范围内，杀菌效果最佳；pH 值大于 9 时，会迅速分解失去杀菌能力。本品腐蚀性小，性质稳定，属于低毒消毒剂，对环境无任何残留毒害作用，不破坏水质环境。广泛用于养猪场和水体等多方面的消毒。

（2）含碘消毒剂　含碘消毒剂包括碘以及以碘为主要杀菌成分制成的各种制剂，常用的含碘消毒剂有碘、碘酊、碘甘油、碘伏等。

①碘　碘为黑色或蓝黑色、有金属光泽的片状结晶或片状物，有特殊的臭味儿；常温下易挥发；应密封避光冷暗处保存。碘在水中的溶解度很小，且易挥发；但在有碘化物存在时，因形成可溶性的三碘化合物，而使碘的溶解度增加数百倍，使其挥发性降低。因此，在配制碘溶液时，常加入适量的碘化钾，以促进碘在水中的溶解。

②碘酊　碘酊也叫碘酒，是碘和碘化钾的酒精溶液，为常用最有效的皮肤消毒药。碘酊（含碘 2%、碘化钾 1.5%，加水适量，以 50% 的酒精配制），为红棕色的澄清液体，常用于术前或注射前的皮肤消毒。浓碘酊（含碘 10%、碘化钾 7.5%，以 95% 的酒精配制），为暗红色液体，具有强大的刺激性，用作刺激药，外用涂擦于患处皮肤，治疗局部皮肤的慢性炎症。将浓碘酊与等量 50% 酒精混合，即得 5% 碘酊，用于大家畜皮肤消毒和术部消毒。碘溶液（含碘 2%、碘化钾 2.5% 的水溶液），由于不含酒精，可用于皮肤浅表破损和创面的消毒。碘酊在紧急情况下，还可用于饮水消毒，每升水中加入 2% 碘酊 5～6 滴，可杀死水中的致病菌及原虫，15 分钟后即可饮用。碘酊除了对病原微生物具有强大的杀灭作用外，还对

组织具有较强的刺激性，刺激组织的强弱程度与其浓度呈正比，因此用碘酊涂抹皮肤待稍干后，应用75%酒精擦去，以免引起发疱、脱皮和皮炎，且对碘过敏的动物应禁用。另外，碘与含汞的药物相遇后，会产生碘化汞而呈现毒性反应，使用时应注意二者的配伍禁忌。碘可在室温下升华，因此配制的碘液应放在密闭容器内、避光阴凉处保存。

③碘甘油　含碘1%、碘化钾1%，以甘油和水配制，为红棕色的糖浆状液体，具有碘的特臭。碘甘油与碘酊有相似的杀菌效果，但对组织的刺激性较小，因此可用于黏膜表面的消毒。临床上常将其涂于患处，治疗口腔、舌、齿龈和阴道等黏膜炎症和溃疡，亦可用于脓腔的清洗和仔猪皮肤及母猪乳房皮肤的消毒。

④碘伏　又称为碘附，含有效碘为2.7%～3.3%。碘伏杀菌效果高效快速、低毒广谱，兼有清洁剂之作用，对各种细菌的繁殖体、芽胞、病毒、真菌、结核分枝杆菌、螺旋体、衣原体及滴虫等均有较强的杀灭作用。临床常用其0.5%～1%的溶液，对手术部位、手术器械等进行消毒。碘伏稀溶液毒性低，无腐蚀性；但稀溶液不稳定，需要在使用前配制。碘伏对金属有腐蚀力，禁止与铝制品接触。另外，碘伏应禁止与红汞等拮抗药物同用。碘伏原液应于室温下避光保存。

⑤聚维酮碘　又称为碘络酮、聚烯吡酮碘、聚乙烯吡咯酮碘、聚乙烯吡咯烷酮碘、聚乙烯酮碘等，含有效碘9%～12%。为黄棕色至红棕色的不定型粉末，溶于水和酒精。聚维酮碘是一种高效低毒的消毒药，对细菌、真菌和病毒均有良好的杀灭作用；且在酸性条件下杀菌力强，在碱性条件下杀菌效果减弱，有机物的存在可使聚维酮碘杀菌效果降低甚至消失。聚维酮碘毒性低，对组织刺激性小，常用于手术部位、皮肤和黏膜的消毒。0.1%聚维酮碘溶液用于黏膜和创面的清洗消毒；5%溶液用于皮肤消毒及皮肤病的治疗。

8. 季铵盐类表面活性剂　季铵盐类消毒剂为常用的阳离子表面活性剂，易溶于水。对革兰氏阳性菌的杀灭性高于革兰氏阴性菌，对细菌的杀灭性高于病毒尤其是无囊膜病毒，如口蹄疫病毒等。杀菌作用迅速、刺激性很小、毒性较低、且不腐蚀金属和橡胶，但杀菌效果受有机物的影响较大，因此不适用于猪舍和环境的消毒；对器具进行消毒时，也应先清除其表面的有机物。使用该类消毒剂时，应注意避免与肥皂或碱类接触，以免降低消毒效力。常用的季铵盐类消毒剂有以下几种。

（1）**新洁尔灭**　别名为苯扎溴铵、溴化苄烷铵，常温下为白色或淡黄色胶状体，低温时可逐渐形成蜡状固体，带有芳香气味，但尝味极苦。易溶于水，乙醇，微溶于丙酮，不溶于乙醚、苯。新洁尔灭对皮肤和组织无刺激性，对金属、橡胶制品无腐蚀作用。广泛用于手、皮肤、黏膜、器械等的消毒。一般用其0.1%溶液浸泡消毒皮肤、手术器械和小件器具；0.01%溶液清洗创面；0.01～0.05%溶液用于黏膜消毒。本品为阳离子表面活性剂，在使用时禁与肥皂及其他阴离子活性剂、盐类消毒剂、碘化物及过氧化物等配伍使用。不宜用于眼科器械及合成橡胶的消毒。另外，在对金属器械消毒时，为了防止金属器具生锈，可在新洁尔灭溶液中加入0.5%的亚硝酸钠。

（2）**醋酸氯己定**　又称为洗必泰、氯苯胍葶、双氯苄双胍己烷。为阳离子型的双胍化合物，呈白色结晶性粉末，无臭，但味苦；微溶于水，溶于酒精，溶液呈碱性，在酸性溶液中解离。对各种细菌和真菌均有杀灭作用，杀菌作用迅速且持久，毒性低，对局部无刺激性。可用于手、皮肤、创面、器械及猪舍的消毒。皮肤消毒常用其0.5%水溶液或酒精溶液；0.02%溶液常用于手的浸泡消毒；0.05%水溶液常用于黏膜和创面的消毒及猪舍、运动场、仓库等的喷雾消毒；0.1%水溶液常用于器械的浸泡消毒。醋酸氯己定与新洁尔灭联用对大肠杆菌有协同杀菌作用，两药的混合液呈相加消毒效果；但忌与肥皂碱性物质和其他阴离子表面活性剂配伍，亦不可与碘酊、甲醛、高锰酸钾、升汞等合用。

（3）**癸甲溴铵溶液**　俗称百毒杀，是癸甲溴铵的丙二醇溶液，无色或微黄色黏稠性液体，振摇时会产生气泡。可杀死大多数细菌、真菌和藻类，对具有囊膜的亲脂性病毒也有一定的杀灭性。癸甲溴铵对金属、塑料、橡胶和其他物质均无腐蚀性；性质稳定，不受环境酸碱度、光、热及粪污、血液等有机物存在的影响，且残留药效强。因此，是一种长效消毒剂，适用范围广泛，可用于猪舍、器具、笼具、水及环境的消毒。常用其0.015%～0.05%溶液对猪舍、饲喂器具进行消毒；0.0025%～0.005%溶液用于饮水消毒。

（4）辛氨乙甘酸溶液　俗称菌毒清。本品为黄色澄明液体；有微腥臭，味微苦；强力振摇则发生多量泡沫。辛氨乙甘酸溶液为双性离子表面活性剂。对化脓球菌、肠道杆菌等及真菌有良好的杀灭作用，对细菌芽胞无杀灭作用。对结核杆菌，1%溶液需作用12小时。杀菌作用不受血清、牛奶等有机物的影响。用于环境、器械和手的消毒。一般猪舍、场地、器械消毒用其1∶100～200倍的水稀释液；手消毒用1∶1 000倍的稀释液。

（三）常用消毒剂的配制

1. 配制原则

（1）药量、水量和药与水的比例应准确　配制消毒剂溶液时，要求药量、水量和药与水的比例三方面都要准确。对固态消毒剂，要用比较精密的天平称量，对液状消毒剂要用刻度精细的量筒或吸管量取（图4–13、图4–14）。称好或量好后，先将消毒剂原粉或原液溶解在少量的水中，使其充分溶解后再与足量的水混匀。

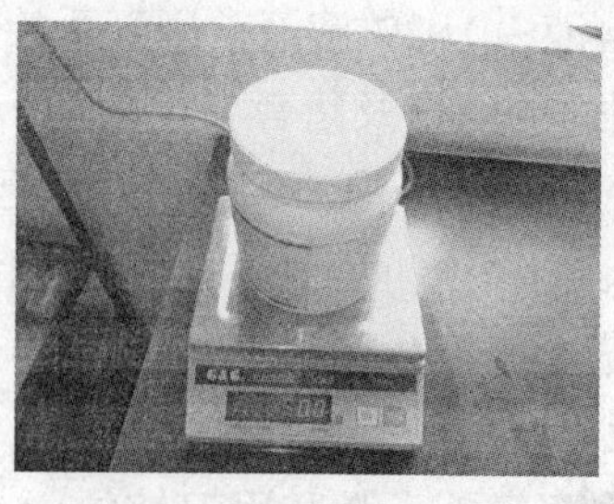

图4–13　消毒药称重

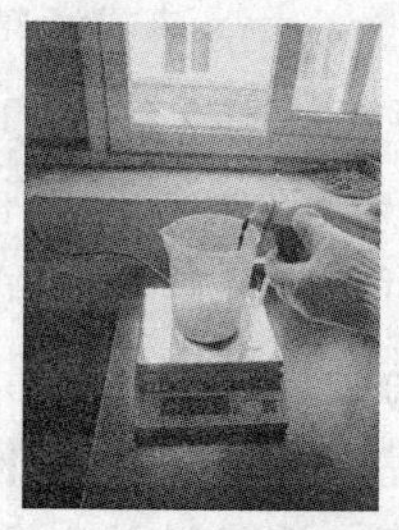

图4–14　消毒液量取

（2）**配制消毒药品的容器必须干净**　配制消毒剂的容器必须刷洗干净，如果条件允许（配制量少，容器小），需用煮沸法（100℃，经 15 分钟）或高压蒸汽灭菌法（121℃，经 15 分钟）对容器消毒，防止消毒剂溶液被细菌污染。在猪场中大面积使用消毒剂溶液，配制消毒剂溶液的容器很大，无法加热消毒，为了最大限度地减少污染，使用的容器要求洗刷干净。更换旧的消毒剂溶液时，一定要把旧的消毒剂溶液全部倒弃，把容器彻底洗净（能加热消毒的要加热消毒），随后配制新消毒剂溶液。

（3）**注意检查消毒药品的有效浓度**　在配制消毒剂溶液前，要注意检查消毒剂的有效浓度。消毒剂保存时间过久，会发生浓度降低，严重的可能失效，配制时对这些问题应加以考虑。另外，目前市售的有些厂家生产的消毒剂有效浓度不够，配制时也要加以注意。否则，消毒剂浓度不足则达不到预期的消毒目的。

（4）**配制好的消毒药品不能久放**　配制好的消毒剂溶液保存时间过长，浓度会降低或完全失效。因此，在使用消毒剂的过程中最好现配现用，当次用不完时，应在尽可能短的时间内用完。

2. 器械与防护用品准备

（1）**器械的准备**　量筒、台秤、药勺、盛药容器（最好是搪瓷或塑料耐腐蚀制品）、温度计等。

（2）**防护用品的准备**　工作服、口罩、护目镜、橡皮手套、胶靴、毛巾、肥皂等。

（3）**消毒药品的选择**　依据消毒对象表面的性质和病原微生物的抵抗力，选择高效、低毒、使用方便、价格低廉的消毒药品。依据消毒对象面积（如场地、动物舍内地面、墙壁的面积和空间大小等）计算消毒药用量。

3. 配制方法

（1）**75% 乙醇溶液的配制**　用量器量取 95% 医用乙醇 789.5 毫升，加蒸馏水（或纯净水）稀释至 1 000 毫升，即为 75% 乙醇，配制完成后密闭保存。

（2）**5%氢氧化钠的配制** 称取50克氢氧化钠，装入量器内，加入适量水中（最好用60℃～70℃热水），搅拌使其溶解，再加水至1000毫升，即得，配制完成后密闭保存。

（3）**0.1%高锰酸钾的配制** 称取1克高锰酸钾，装入量器内，加水1000毫升，使其充分溶解即得。

（4）**3%来苏儿的配制** 取来苏儿3份，放入量器内，加清水97份，混合均匀即成。

（5）**2%碘酊的配制** 称取碘化钾15克，装入量器内，加蒸馏水20毫升溶解后，再加碘片20克及乙醇500毫升，搅拌使其充分溶解，再加入蒸馏水至1000毫升，搅匀，过滤，即得。

（6）**碘甘油的配制** 称取碘化钾10克，加入10毫升蒸馏水溶解后，再加碘10克，搅拌使其充分溶解后，加入甘油至1000毫升，搅匀，即得。

（7）**熟石灰（消石灰）的配制** 生石灰（氧化钙）1千克，装入容器内，加水350毫升，生成粉末状即为熟石灰，可撒布于阴湿地面、污水池、粪地周围等处消毒。

（8）**20%石灰乳的配制** 1千克生石灰加5升水即为20%石灰乳。配制时最好用陶瓷缸或木桶等。首先称取适量生石灰，装入容器内，把少量水（350毫升）缓慢加入生石灰内，稍停，使石灰变为粉状的熟石灰时，再加入余下的4650毫升水，搅匀即成20%石灰乳。

（9）**草木灰水的配制** 用新鲜干燥、过筛的草木灰20千克，加水100升，煮沸20～30分钟（边煮边搅拌，草木灰因容积大，可分两次煮），去渣、补上蒸发的水份即可。

4. 注意事项 选用适宜大小的量器，取少量液体避免用大的量器，以免造成误差。某些消毒药品（如生石灰）遇水会产热，应在搪瓷桶、盆等耐热容器中配制为宜。配制消毒药品的容器必须刷洗干净，以防止残留物质与消毒药发生理化反应，影响消毒效果。配制好的消毒液放置时间过长，大多数效力会降低或完全失效，因此，消毒药应现配现用。做好个人防护，配制消毒液时应戴橡胶手套、穿工作服，严禁用手直接接触，以免灼伤。

（四）消毒剂的使用方法

1. 使用方法　消毒剂种类繁多，使用方法亦很多，常用的方法有以下几种。

（1）喷雾法　将有效浓度的消毒液通过喷雾的形式，对地面、猪舍、生猪体表和黏膜进行消毒。

（2）喷洒法　将消毒液均匀的喷洒在物体表面上，对其表面的微生物进行杀灭，如用5%来苏儿溶液喷洒猪舍的地面。

（3）熏蒸法　通过加热或加入氧化剂等，使消毒剂呈气体或烟雾状态，在标准的时间内达到消毒的目的。熏蒸法适用于猪舍内空气和物品的消毒，以及不能用于蒸、煮物品的消毒。熏蒸消毒的效果受环境湿度的影响。

（4）浸泡消毒法　将待消毒物品浸泡于杀菌谱广、腐蚀性弱的水溶性消毒液中，在标准的时间内，杀灭物体中的病原微生物。当消毒液连续使用时，随着消毒剂的不断消耗，消毒剂有效成分的浓度逐渐减少，因此在使用时要注意及时更换消毒液。

（5）擦拭法　对物品表面或生猪体表、皮肤、黏膜、伤口等，用易溶于水、穿透力较强的消毒剂擦拭，在标准时间内杀灭病原微生物。

（6）洗刷法　用毛刷蘸取消毒剂溶液，并在消毒对象表面洗刷，达到消毒的目的。

（7）冲洗法　用配制好的消毒剂溶液冲洗物体表面或生猪的直肠、阴道等部位，杀灭其表面的病原微生物。

（8）撒布法　将粉剂型的消毒剂均匀撒在消毒对象的表面进行消毒。撒布法消毒时，需要较高的湿度使药物潮解才能发挥作用，常用于潮湿地面的消毒。

2. 注意事项　在实践中，化学消毒剂的使用方法，应根据化学消毒剂的特性、消毒对象的性质以及消毒现场的特点等因素合理选择。如只能在液体状态下才能发挥较好消毒效果的消毒剂，一般应采用浸泡、喷雾、喷洒、擦拭、洗刷或冲洗等方式。多数消毒剂既可以浸泡、擦拭消毒，也可以喷雾处理。当对空气或空间进行消毒时，可选用合适的消毒剂，采用熏蒸的方法。另外，不同性质的消毒对象，使用相同的消毒方法，消毒的效果往往不同。例如，物体表面较为粗糙时，用喷洒或喷雾消毒，药物在物体表面停留时间较长，消毒效果较好；而较为光滑的物体表面，由于不易使药物停留，用喷洒的方法消毒，效果则不理想，应采用冲洗、擦拭或冲刷等方法。又如，采用熏蒸法对空气消毒时，密闭性好的室内消毒效果要比密闭性差的消毒效果好。因此，密闭性差的室内消毒时，一般采用喷洒、喷雾、洗刷等方法。

（五）消毒剂误用或中毒后的紧急处理

化学消毒剂溅入眼睛后，要立即用流动的清水持续冲洗 15 分钟以上，如仍有严重的眼部疼痛、流泪等症状，要尽快就近就医；皮肤接触高浓度的消毒剂后，应及时用大量流动清水冲洗或用低浓度的肥皂水清洗；大量吸入化学消毒剂时，应迅速从有害环境撤到清新空气中，更换被污染的衣物，并对手及暴露的皮肤进行清洗；误服化学消毒剂中毒时，成年人应立即口服牛奶 200 毫升，亦可口服生蛋清 3～5 个，一般还要催吐或洗胃；含碘消毒剂中毒时可立即口服大量米汤或淀粉浆等，严重者，应立即就近就医。

三、不同消毒对象的消毒

（一）猪场入口消毒

1. 出入人员的消毒 在猪场门口一侧设置进出人员消毒室，设置喷雾消毒器、紫外线杀菌灯、脚踏消毒槽（池）、熏蒸衣柜和场区工作服，有条件的猪场还可设置淋浴装置。对出入的人员实施衣服喷雾、照射消毒和脚踏消毒。消毒室内两侧、顶壁设紫外线灯，一切人员皆要在此用漫射紫外线照射 5～10 分钟。外来人员必须进入生产区时，要洗澡更换场区工作服和工作鞋，并按指定路线行走。进入人员必须换上清洁消毒好的工作衣帽和靴子（必要时进行淋浴消毒），用消毒液洗手浸泡 2～3 分钟后或经过流动水和肥皂认真洗手后，方可通过脚踏消毒池进入生产区，并在工作前后洗手消毒。工作服不准穿出生产区，并定期更换，清洗消毒。衣服消毒要从上到下，普遍进行喷雾，使衣服达到潮湿的程度。用过的工作服，先用消毒液浸泡，然后进行水洗。用于工作服的消毒剂，通常可使用季铵盐类消毒剂、碱类消毒剂及过氧乙酸等做浸泡消毒，或用福尔马林做熏蒸消毒。脚踏消毒池消毒是国内外猪场用得最多的消毒方法，在实际操作过程中，应做到在通过消毒池之前，先将工作鞋上的粪污洗刷干净，并使工作鞋在消毒液中浸泡的时间至少在 1 分钟以上；消毒池要有足够的深度，最好能使消毒液深度达到 15 厘米，保证鞋子与消毒液能充分接触；另外，要想取得良好的消毒效果，还要使消毒液能保持一定的浓度。因此，要及时更换消毒液，一般工作人员 20 人以上的大单位，最好每天更换 1 次消毒液，小单位则可每周更换 1 次。

2. 出入车辆的消毒　一般应在猪场的大门口建有消毒池或消毒通道，对进出车辆的车轮进行消毒。大门消毒池的长度应为进出车辆车轮的两个周长以上，以保证车轮能全部得到消毒，宽度应与入口大门等宽，深度以可浸入车轮轮胎高度的 1/2 为宜（一般不少于 15 厘米）。所用的消毒液应杀菌谱广、杀菌力强，能耐受日光照射，耐有机物，且不易挥发。另外，为了防止日晒和夏季下雨冲淡药液，影响消毒效果，消毒池上方最好建有顶棚，防止日晒雨淋，并定期更换消毒液；而在冬季天气寒冷时或温度较低时则要加盐防冻。有条件的猪场还可在大门入口设置喷雾消毒装置，对车身、车底盘进行细致、彻底的喷雾消毒后，再通过盛有消毒液的消毒池，

则消毒效果更好。车身消毒应选用对车体涂层和金属部件无损伤的消毒剂，如来苏儿水溶液等。

3. 出入设备用具的消毒 进入场区的所有物品、用具均要严格消毒后才可进入场区。一般新购进的笼具、装运产品的箱子及其他用具和设备，可先采用紫外线照射或消毒药喷洒消毒，再放入密闭室内用福尔马林熏蒸消毒后，方可进入生产区使用。一些小型器具亦可在消毒液中浸泡消毒。另外，非生产性器具，一律不准带入生产区。

（二）场区环境的消毒

猪场内的道路和猪舍周围地面要定期消毒，猪场内的道路每周进行1～2次清扫和消毒，常用2%～4%火碱喷洒和生石灰撒布消毒，生产区道路两侧5米范围内每月至少消毒2次，常用5%火碱或0.2%～0.3%过氧乙酸喷洒消毒地面。猪舍周围1.5～2米范围内，应撒布生石灰。场区大环境每周喷洒消毒不少于2次。场内的垃圾、杂草粪便等废弃物应及时清除，在场外无害处理。堆放过的场地，可用过氧乙酸或火碱等药液喷洒消毒。

（三）器具消毒

1. 饲养用具消毒 食槽、饮水器、料车、添料锹等饲养用具，应定期进行消毒。根据消毒对象不同，配制消毒药；清扫（清洗）饲养用具，如食槽应及时清理剩料，然后用清水进行清洗；根据饲养用具的不同，可分别采用浸泡、喷洒、熏蒸等方法进行消毒。注意事项：注意选择消毒方法和消毒药，饲养器具用途不同，应选择的不同消毒药，如笼舍消毒可选用福尔马林进行熏蒸；而食槽或饮水器一般选用过氧乙酸、高锰酸钾等进行消毒；金属器具也可选用火焰消毒。

2. 运载工具消毒 运载工具主要是车辆，一般根据用途不同，将车辆分为运料车、清污车、运送动物的车辆等。车辆的消毒主要是应用喷洒消毒法。注意事项：注意消毒对象，选择适宜的消毒方法。消毒前一定要清扫（洗）运输工具，保证运输工具表面黏附的有机物污染物的清除，这样才能保证消毒效果。进出疫区的运输工具要按照动物卫生防疫法要求进行消毒处理。操作步骤如下。

（1）准备消毒药品　根据消毒对象和消毒目的不同，选择消毒药物，仔细称量后装入容器内进行配制。

（2）清扫（清洗）运输工具　应用物理消毒法对运输工具进行清扫和清洗，去除污染物，如粪便、尿液、撒落的饲料等。

（3）消毒　运输工具清洗后，根据消毒对象和消毒目的，选择适宜的消毒方法进行消毒，如喷雾消毒或火焰消毒。

3. 医疗器具消毒

（1）注射器械消毒　将注射器用清水冲洗干净，如为玻璃注射器，将针管与针芯分开，用纱布包好；如为金属注射器，拧松调节螺丝，抽出活塞，取出玻璃管，用纱布包好。针头用清水冲洗干净，成排插在多层纱布的夹层中。镊子、剪刀洗净，用纱布包好。将清洗干净包装好的器械放入煮沸消毒器内灭菌。煮沸消毒时，水沸后保持15～30分钟。灭菌后，放入无菌带盖搪瓷盘内备用。煮沸消毒的器械当日使用，超过保存期或打开后，需重新消毒后，方能使用。

（2）刺种针的消毒　用清水洗净，高压或煮沸消毒。

（3）饮水器消毒　用清洁卫生水刷洗干净，用消毒液浸泡消毒，然后用清洁卫生的流水认真冲洗干净，不能有任何消毒剂、洗涤剂、抗菌药物、污物等残留。

（4）点眼、滴鼻滴管的消毒　用清水洗净，高压或煮沸消毒。

（5）清洗喷雾器　喷雾免疫前，应先要用清洁卫生的水将喷雾器内桶、喷头和输液管清洗干净，不能有任何消毒剂、洗涤剂、铁锈和其他污物等残留；然后再用定量清水进行试喷，确定喷雾器的流量和雾滴大小，以便掌握喷雾免疫时来回走动的速度。

（四）猪舍消毒

现代化的养猪场，都强调采用“全进全出”饲养管理方式。在每批猪转出之后，至下一批猪转入该猪舍之前，应将前一批猪群留在猪舍顶棚、墙壁、机械用具表面、笼具、网架等上的饲料碎屑、粪尿及饮水和污物等，全部清理干净，并进行彻底的消毒。每批猪只调出后，要彻底清扫干净，用高压水枪冲洗，然后进行喷雾消毒或熏蒸消毒。

1. 空舍消毒

（1）猪舍消毒的程序 一般可将腾空的猪舍按清扫、洗净、干燥、消毒、干燥、再消毒的顺序进行。

①清除剩料、移出器具，彻底清扫舍内的垫料和粪便及其他污染物等。物理消毒除去大部分的病原体。清扫前可稍微喷洒一点低浓度的消毒药，以防止灰尘飞扬。

②对猪舍的地面、墙壁、屋顶及不能移出的器具、设备等进行彻底的清洗和冲洗。冲洗时应使用高压水枪，必要时可在水中加上去污剂进行刷洗，不能用水冲洗的设备、用具应擦拭干净。可除去部分病原体，冲洗掉大部分有机物。

③将清洗后的猪舍通风，使水分挥发。

④对清洗后已经干燥的猪舍，进行第一次消毒。可采用 1%～2% 火碱溶液或 10% 石灰乳溶液等进行喷洒消毒；对于不怕火的墙壁、地面、笼具、金属用具等亦可采用火焰消毒方法。不能用于火碱消毒的设备，可以用其他消毒液涂擦。舍内移出的设备、用具等应放到指定地点进行清洗后消毒，能够放入消毒池内浸泡的，最好放在 3%～5% 火碱溶液或 3%～5% 甲醛溶液中浸泡 3～5 小时；不能放入池内的，可以使用 3%～5% 火碱溶液彻底全面喷洒。消毒 2～3 小时后，用清水清洗，放在阳光下暴晒。

⑤将移出猪舍后消毒、晒干的设备和用具移入舍内，并用常规浓度的卤素类、表面活性剂、酚类消毒剂或氧化剂等，对第一次消

毒后的干燥猪舍进行第二次喷洒消毒。

⑥能够密闭的猪舍，用甲醛等进行熏蒸消毒。熏蒸消毒时要求关闭所有的门窗，舍内温度达到 15℃～25℃，空气相对湿度 70%～90%，且要求密闭 24 小时以上。

⑦打开门窗通风换气后，转进猪群。

（2）清洁消毒操作步骤

①移出设备和器具　移出猪舍内能移出的设备和器具。清除地面和裂缝中的垫料及粪便，同时采取灭虫和灭鼠的措施。

②对猪舍进行彻底的清扫　清扫的主要步骤：将风扇和进风口清理干净。对天花板、横梁、吊架、墙壁灯的固座、笼子等部位的积垢进行清扫。这些器械和用具的上部清扫后，再清扫下部，刮掉污染的粪便等，并用铁刷刷去留下的污斑。将更衣室、卫生隔离栏栅和其他与猪舍相关场所彻底清理；打扫饲料传送装置，清除食槽中各个角落残存的饲料，特别是难于清除的牢固沾染的料痂。清除所有垫料、粪肥。包括每一个角落，有必要时，可手工铲除四周、门口、过道、支柱及猪舍的每一个角落。清除的污物集中处理，一般要移至猪场外，如需存放在场内，则应尽快严密地盖好以防被昆虫利用并转移至临近猪舍。可从猪舍移出的设备和器具，应移至临时场地进行彻底清洗，并确保其清洗后的排放物远离猪舍。

③对猪舍进行清洗和冲洗　清洗包括浸泡、清洗和冲洗等方法。常在清洗用水中加入清洁剂和其他表面活性剂，用以除去碎片和薄膜，使清洁液易于进入物体。常采用下列步骤：对于严重污秽的地方，应使用低压喷雾器喷水或泼水浸泡，使粪便、饲料等的污渍软化。清洗，有高压喷雾清洗设备的猪场，可用喷雾技术对猪舍进行先房舍的后部，再房舍前部；先天花板再墙壁，最后到地面的高压喷雾清洗。如果没有高压喷雾清洗设备，亦可用水枪对顶棚、墙壁和地面进行清洗。在清洗前，对任何较脏的地方或很难彻底清洗和消毒设备，如食槽、饮水器、供热及通风设施、笼养圈等特殊设备，应预先进行人工清洗，完全剔除残料、粪便、皮屑等有机

物。冲洗，对清洗后的猪舍及器械、用具，最后进行冲洗，要注意对角落、缝隙、设施背面的冲洗，做到不留死角，使之真正达到清洁。经过认真彻底的清扫和清洗，不但可以清除掉80%～90%的病原体，大大减少粪便等有机物的数量；还有利于化学消毒剂作用的发挥。

④整修和检查　冲洗之后，应进行各式各样的修理工作，如修理门框、填充地面裂缝等，并对一些设备、器械等进行整修；并眼观检查所有清洁过的房屋和设备，看是否有污物残留。

⑤化学消毒　经过必要的检修维护后，即可进行消毒。因为各种消毒剂只能对清洁表面具有较好的消毒作用，因此猪舍在尚未进行彻底清洗之前，不要开始进行消毒工作。

为了达到彻底消灭病原体的作用，建议空猪舍消毒使用2～3种不同类型的消毒剂进行2～3次消毒。只进行一次或只用一种消毒剂消毒，效果是不完全的。一般第一次消毒可用碱性消毒剂，如适当浓度的火碱或10%石灰乳。适当浓度的火碱水可喷雾消毒，10%石灰乳可用来粉刷墙壁或地面。第二次消毒可用酚类、卤素类、表面活性剂或氧化剂（过氧乙酸），进行喷雾消毒。第三次用甲醛进行熏蒸消毒，可用加热法和氧化法产生甲醛蒸气。氧化法熏蒸消毒一般使用约含有40%甲醛溶液和高锰酸钾，这两种药物在每立方米空间的用量可根据该场疫病情况而定。用于未饲养过任何动物的新建场消毒时，可用高锰酸钾7克和甲醛14毫升；用于饲养过生猪的老场、发生过一般疫病养猪场消毒时，可用高锰酸钾14克和甲醛28毫升；用于发生过重大动物疫病的养猪场消毒时，可用高锰酸钾21克和甲醛42毫升。加热法使可每立方米空间使用甲醛溶液26毫升。

（3）注意事项　清扫、冲洗消毒要按照一定的顺序进行，一般先顶棚，后墙壁、再地面；从猪舍远离门口的一端到靠近门口的一端；先室内后环境，逐步进行，不留下死角或空白。清扫出来的粪便、灰尘要集中处理；冲洗出来的污水、使用过的消毒液也要排放

到下水道中，而不应随意堆放在猪舍周围，或任其自由漫流到猪舍周围，造成新的人为环境污染。各次消毒的间隔，应在每次冲洗、消毒干燥后，再进行下一次的消毒。因为在湿润的状态下，喷洒的消毒药浓度比规定的浓度要低，而且地面或墙壁等微小的空隙在充满水滴的情况下，消毒药浸透不进去，消毒的效果不可靠。应根据猪舍的污染情况，灵活地使用消毒程序。

2. 带猪消毒　定期使用有效的消毒剂对猪舍的环境和猪体进行喷雾或熏蒸消毒，以及时杀灭或减少侵入猪舍的病原微生物。

（1）带猪消毒的作用

①全面消毒　带猪消毒，不仅能直接杀灭隐藏于猪舍内环境包括空气中的病原微生物，还能直接杀灭猪体表以及呼吸道浅表的病原微生物，阻止病原微生物在猪体中蓄积而导致传染病发生。

②沉降粉尘　使用适当的消毒剂，所形成的气雾粒子能黏附空气中的粉尘及粉尘上所携带的病原微生物，使其沉降于地面，干燥后不再扬起。从而使猪舍内的空气得以净化，降低粉尘对猪呼吸道的刺激和损伤作用，减少呼吸道疾病的发生。

③防暑降温　在夏季，每天用冷消毒剂喷雾消毒，不仅能减少猪舍及猪体表的病原微生物，还可通过水温的调节作用以及水分蒸发时吸收热量，使猪舍以及猪体的温度降低，缓解热应激，减少由热应激引起的生猪中暑、发育不良及死亡等。

④提供湿度　在猪的幼龄阶段，要求饲养温度相对较高，带猪消毒可以起到提供湿度的作用，避免动物在高温下脱水，有利于猪的生长发育。

（2）常用的带猪消毒剂　常用于带猪消毒的药物主要有卤素类、表面活性剂和氧化剂等，如 0.1% 新洁尔灭、0.3% 过氧乙酸和 0.1% 次氯酸钠。另外，还有碘伏、益康、爱迪伏、白乐水、菌毒敌（1∶300 倍稀释）、复合酚、度米芬、抗毒威等。

（3）带猪消毒的方法

①喷雾消毒的方法　常用的消毒设备包括手动式喷雾器、移动

式动力喷雾机等。喷出的雾滴直径应控制在80～120微米，喷雾量按每立方米空间约15毫升计算，以猪群体表稍湿为宜。喷洒时将喷头高举于空中，喷嘴向上喷出雾粒，雾粒可在空中缓缓下降，除与空气中病原微生物接触外，还可与空气中尘埃结合，起到杀菌、除尘、净化空气、减少臭味儿的作用，喷洒时关闭门窗。为减少应激，消毒应在傍晚或暗光下进行，并由内向外逐步喷洒，距猪体50～80厘米。消毒时从猪舍的一端开始，边喷雾边匀速走动，使舍内各处喷雾量均匀。本法全年均可使用，一般情况下每周消毒1～2次，春秋疫情常发季节每周消毒3次，在有疫情发生时每天消毒1～2次。

②熏蒸消毒法　常用的药物有食醋或过氧乙酸。使用食醋熏蒸时，用量为每立方米空间使用食醋5～10毫升，加1～2倍的水稀释后加热蒸发；使用过氧乙酸熏蒸时，常用30%～40%过氧乙酸，每立方米用1～3克，稀释成3%～5%溶液，密闭门窗，加热熏蒸1～2小时。熏蒸时室内空气相对湿度要保持在60%～80%，湿度低于此值时，可采用喷热水的办法增加湿度。熏蒸完毕后，打开门窗通风。

（4）带猪消毒的注意事项

①消毒前的清洁　由于有机物对微生物起掩盖保护作用，使药液难于和微生物接触，同时有机物与消毒药结合成不溶性化合物或吸附掉一部分药物，削减药效。因此，在消毒前，应首先将猪圈舍、环境及猪体表彻底清扫干净，然后打开门窗让空气流通，再用高压水枪对地面沉积物及污物进行彻底清洗。

②消毒药的选择和配制　针对不同猪场的用药情况，根据猪群的日龄、体质状况、季节和传染病流行特点等因素，有针对性地选用不同的带猪消毒药，并按照说明书使用要求，准确配制和使用药物。在配制时药物与水量的比例要准确，不可随意增高或降低药物浓度。消毒药一般应现配现用，并尽可能在短时间内一次用完。若配好的消毒药放置时间过长，会使药液的浓度降低或完全失效。在

配制消毒药时，稀释用水应选择杂质较少的深井水或自来水，还要根据生猪的日龄和季节确定稀释用水的温度。仔猪用温水，一般夏季用凉水，冬季用温水，水温一般控制在30℃～45℃。在夏季尤其是炎热的伏天，消毒时间可选在最热的时候，以便在消毒的同时起到防暑降温的作用。

③注意药物的配伍禁忌　由于不同药物的物理或化学性的配伍禁忌，当两种消毒药合用时，可能会使药物效力降低，甚至丧失，因此不得随意将不同的消毒药混合使用或同时消毒同一种物品。

④注意药物的交替使用　为了防止病原微生物对消毒药产生耐药性，影响消毒效果。应根据不同消毒药物的作用、特性、成分、原理，按一定的时间交替使用，以杀死各种病原微生物。

⑤喷雾方向和强度　带猪喷雾消毒时，喷头不能直射猪群，喷雾程度以屋顶、墙壁、地面均匀潮湿和生猪体表稍湿为宜。

⑥注意疫苗效价　带猪消毒时，消毒剂可降低疫苗效价。因此，免疫接种弱毒疫苗前后3天内不要进行带猪消毒，避免降低免疫效果。

⑦通风换气　喷雾消毒造成猪舍及猪体表潮湿，消毒后应加强通风换气，便于猪体表和圈舍干燥。

3. 猪舍的临时消毒和终末消毒　发生各种传染病而进行临时消毒及终末消毒时，用来消毒的消毒剂随疫病的种类不同而异。一般肠道菌、病毒性疾病，可选用5%漂白粉或1%～2%氢氧化钠热溶液。但如发生细菌芽胞引起的传染病（如炭疽等）时，则需使用10%～20%漂白粉乳、1%～2%氢氧化钠热溶液或其他强力消毒剂。在消毒猪群的同时，在病猪舍、猪舍、隔离舍的出入口处应放置设有消毒液的麻袋片或草垫。

（五）空气消毒

1. 紫外线照射消毒

（1）操作步骤　紫外线灯一般于空间6～15米^{3}安装1只，灯管距地面2.5～3米为宜，紫外线灯于室内温度10℃～15℃，空气相对湿度40%～60%的环境中使用杀菌效果最佳；将电源线正确接入电源，合上开关；照射的时间应不少于30分钟，否则杀菌效果不佳或无效，达不到消毒的目的；操作人员进入洁净区时应提前10分钟关掉紫外线灯。

（2）**注意事项** 紫外线对不同的微生物有不同的致死剂量，消毒时应根据微生物的种类选择适宜的照射时间；在固定光源情况下，被照物体越远，效果越差，因此应根据被照面积、距离等因素安装紫外线灯（一般距离被消毒物2米左右）；紫外线对眼黏膜及视神经有损伤作用，对皮肤有刺激作用，所以人员应避免在紫外线灯下工作，必要时需穿防护工作衣帽，并戴有色眼镜进行工作；房间内存放着药物或原、辅包装材料，而紫外线灯开启后对其有影响和房间内有操作人员进行操作时，此房间不得开启紫外线灯；紫外线灯管的清洁，应用毛巾蘸取无水乙醇擦拭其灯管，不得用手直接接触灯管表面；紫外线灯的杀菌强度会随着使用时间逐渐衰减，故应在其杀菌强度降至70%后，及时更换紫外线灯，也就是紫外线灯使用约1400小时后更换紫外线灯。

2. 喷雾消毒

（1）**喷雾器的使用** 喷雾器有两种，一种是手动喷雾器，一种是机动喷雾器。手动喷雾器又有背携式、手压式两种，常用于小面积消毒（图4–15）。机动喷雾器常用于大面积消毒（图4–16）。

图4–15 背负式手动喷雾器

图4–16 机动喷雾器

（2）**喷雾消毒的步骤**　器械与防护用品准备：喷雾器、天平、量筒、容器等；高筒靴、防护服、口罩、护目镜、橡皮手套、毛巾、肥皂等；消毒药品应根据污染病原微生物的抵抗力、消毒对象特点，选择高效低毒、使用简便、质量可靠、价格便宜、容易保存的消毒剂。配制消毒药：根据消毒药的性质，进行消毒药的配制，将配制的适量消毒药装入喷雾器中，以八成为宜。打气：感觉有一定抵抗力（反弹力）时即可喷洒。喷洒：喷洒时将喷头高举空中，喷嘴向上以画圆圈方式先内后外逐步喷洒，使药液如雾一样下落。要喷到墙壁、屋顶、地面，以均匀湿润和猪体表稍湿为宜，不适用带猪消毒的消毒药，不得直喷猪群。喷出的雾粒直径应控制在80～120微米，不要小于50微米。消毒完成后，当喷雾器内压力很强时，先打开旁边的小螺丝放完气，再打开桶盖，倒出剩余的药液，用清水将喷管、喷头和筒体冲干净，晾干或擦干后放在通风、阴凉、干燥处保存，切忌阳光暴晒。

（3）**注意事项**　装药时，消毒剂中的不溶性杂质和沉渣不能进入喷雾器，以免在喷洒过程中出现喷头堵塞现象；药物不能装得太满，以八成为宜，否则，不易打气或造成筒身爆裂；气雾消毒效果的好坏与雾滴粒子大小及雾滴均匀度密切相关。喷出的雾粒直径应控制在80～120微米，过大易造成喷雾不均匀和猪舍太潮湿，且在空中下降速度太快，与空气中的病原微生物、尘埃接触不充分，起不到消毒空气的作用；雾粒太小则易被猪吸入肺泡，诱发呼吸道疾病；喷雾时，房舍应密闭，关闭门、窗和通风口，减少空气流动；喷雾过程中要时时注意喷雾质量，发现问题或喷雾出现故障，应立即停止操作，进行校正或维修；使用者必须熟悉喷雾器的构造和性能，并按使用说明书操作；喷雾完后，要用清水清洗喷雾器，让喷雾器充分干燥后，包装保存好，注意防止腐蚀。不要用去污剂或消毒剂清洗容器内部。定期保养。

3. 熏蒸消毒

（1）**操作步骤**　药品、器械与防护用品准备：消毒药品可选用40%甲醛溶液、高锰酸钾、固体甲醛、百斯特烟剂、过氧乙酸等；准备温度计、湿度计、加热器、容器等器材，防护服、口罩、手套、护目镜等防护用品。清洗消毒场所：先将需要熏蒸消毒的场所（猪舍等）彻底清扫、冲洗干净，有机物的存在影响熏蒸消毒效果。分配消毒容器：将盛装消毒剂的容器均匀的摆放在要消毒的场所内，如猪舍长度超过50米，应每隔20米放1个容器。所使用的容器必须是耐燃烧的，通常用陶瓷或搪瓷制品。关闭所有门窗、排气孔。配制消毒药。熏蒸：根据消毒空间大小，计算消毒药用量，进行熏蒸。固体甲醛熏蒸：按每立方米3.5克用量，置于耐烧容器内，放在热源上加热，当温度达到20℃时即可挥发出甲醛气体。百斯特烟剂熏蒸：每套（主剂＋副剂）可熏蒸120～160米^3。主剂＋副剂混匀，置于耐烧容器内，点燃。高锰酸钾与40%甲醛混合熏蒸：进行猪空舍熏蒸消毒时，一般每立方米用40%甲醛溶液14～42毫升、高锰酸钾7～21克、水7～21毫升，熏蒸消毒7～24小时。杀灭芽胞时每立方米需40%甲醛溶液50毫升。如果反应完全，则只剩下褐色干燥粉渣；如果残渣潮湿说明高锰酸钾用量不足；如果残渣呈紫色说明高锰酸钾加得太多。过氧乙酸熏蒸：使用浓度为3%～5%，每立方米用2.5毫升，在空气相对湿度60%～80%条件下，熏蒸1～2小时。

（2）**注意事项** 注意操作人员的防护，在消毒时，消毒人员要戴好口罩、护目镜，穿好防护服，防止消毒液损伤皮肤和黏膜，刺激眼睛。甲醛或甲醛与高锰酸钾消毒的注意事项：甲醛熏蒸消毒必须有适宜的温度和空气湿度，温度18℃～25℃较为适宜；空气相对湿度60%～80%，较为适宜。室温不能低于15℃，空气相对湿度不能低于50%。如消毒结束后甲醛气味过浓，若想快速清除甲醛的刺激性，可用浓氨水（2～5毫升/米^3）加热蒸发以中和甲醛；用甲醛熏蒸消毒时，使用的容器容积应比甲醛溶液大10倍，必须先放高锰酸钾，后加甲醛溶液，加入后人员要迅速离开。过氧乙酸消毒的注意事项：过氧乙酸性质不稳定，容易自然分解，因此过氧乙酸应现用现配。

（六）粪便污物消毒

1. 生物热消毒法　生物热消毒法是一种最常用的粪便污物消毒法，这种方法能杀灭除细菌芽胞外的所有病原微生物，并且不丧失肥料的应用价值。

（1）发酵池法　适用于养猪场，多用于稀粪便的发酵。选址：在距离饲养场200～250米以外，远离居民、河流、水井等的地方挖两个或两个以上的发酵池（根据粪便的多少而定）；修建消毒池：可以筑为圆形或方形。池的边缘与池底用砖砌后再抹以水泥，使其不渗漏。如果土质干固，地下水位低，也可不用砖和水泥；先将池底放一层干粪，然后将每天清除出的粪便、垫草、污物等倒入池内；快满的时候在粪的表面铺层干粪或杂草，上面再用一层泥土封好，如条件许可，可用木板盖上，以利于发酵和保持卫生；经1～3个月，即可出粪清池。在此期间每天清除粪便可倒入另一个发酵池。几个发酵池可依次轮换使用。

（2）堆粪法　适用于干固粪便的发酵消毒处理。选址：在距猪饲养场200～250米以外，远离居民区、河流、水井等的平地上设一个堆粪场，挖一个宽1.5～2.5米、深约20厘米，长度视粪便量的多少而定的浅坑。先在坑底放一层25厘米厚的无传染病污染的粪便或干草，然后在其上再堆放准备要消毒的粪便、垫草、污物等。堆到1～1.5米高度时，在欲消毒粪便的外面再铺上10厘米厚的非传染性干粪或谷草（稻草等），最后再覆盖10厘米厚的泥土。密封发酵，夏季2个月、冬季3个月以上，即可出粪清坑。如粪便较稀时，应加些杂草，太干时倒入稀粪或加水，使其干湿适当，以促使其迅速发热。

（3）注意事项　发酵池和堆粪场应选择远离学校、公共场所、居民住宅区、动物饲养和屠宰场所、村庄、饮用水源地、河流等。修建发酵池时要求坚固，防止渗漏。注意生物热消毒法的适用范围。

2. 掩埋法　此种方法简单易行，但缺点是粪便和污物中的病原微生物可渗入地下水，污染水源，并且损失肥料。适合于粪量较少，且不含细菌芽胞。操作步骤：消毒前准备漂白粉或新鲜的生石灰，高筒靴、防护服、口罩、橡皮手套，铁锹等。将粪便与漂白粉或新鲜的生石灰混合均匀。混合后深埋在地下 2 米左右之处。注意事项：掩埋地点应选择远离学校、公共场所、居民住宅区、村庄、饮用水源地、河流等。应选择地势高燥，地下水位较低的地方。注意掩埋消毒法的适用范围。

3. 焚烧法 焚烧法是消灭一切病原微生物最有效的方法，故用于消毒最危险的传染病猪粪便（如炭疽等）。可用焚烧炉，如无焚烧炉，可以挖掘焚烧坑，进行焚烧消毒。操作步骤：消毒前准备燃料，高筒靴、防护服、口罩、橡皮手套，铁锹，铁梁等。挖坑，坑宽 75～100 厘米、深 75 厘米，长以粪便多少而定。在距壕底 40～50 厘米处加一层铁梁（铁梁密度以不使粪便漏下为度），铁梁下放燃料，梁上放欲消毒粪便。如粪便太湿，可混一些干草，以便烧毁。注意事项：焚烧产生的烟气应采取有效的净化措施，防止一氧化碳、烟尘、恶臭等对周围大气环境的污染。焚烧时应注意安全，防止火灾。

4. 化学药品消毒法 用化学消毒药品，如含 2%～5% 有效氯的漂白粉混悬液、20% 石灰乳等消毒粪便。这种方法既麻烦，又难达到消毒的目的，故实践中不常用。

（七）地面土壤消毒

被病猪的排泄物和分泌物污染的地面土壤，可用 5%～10% 漂白粉混悬液、百毒杀或 10% 氢氧化钠溶液消毒。停放过芽胞所致传染病（如炭疽、气肿疽等）病猪尸体的场所，或者是此种病猪倒毙的地方，应严格加以消毒，首先用 10%～20% 漂白粉乳剂或 5%～10% 优氯净喷洒地面，然后将表层土壤掘起 30 厘米左右，撒上干漂白粉并与土混合，将次表土运出掩埋。在运输时应用不漏土的车以免沿途遗撒，如无条件将表土运出，则应多加干漂白粉的用量

（1米^{2}面积加漂白粉5千克），将漂白粉与土混合，加水湿润后原地压平。

（八）饮水消毒

用于饮水消毒的方法主要有物理消毒法和化学消毒法。物理消毒法主要有煮沸消毒、紫外线消毒、超声波消毒等方法；化学消毒法是使用化学消毒剂对饮水进行消毒的方法，也是养猪场常用的饮水消毒方法。

1. 饮水消毒剂应具备的条件 在正常剂量下长期使用，对人体及猪体应安全，应无毒性、无刺激性、无副作用，无不良影响（如致畸形、致癌等）。能迅速溶解于水，并能迅速释放出杀菌的有效成分。对各种天然水中所含的各种病原微生物都具有强大的杀灭作用，杀菌谱广。不与水中的有机物或无机物发生化学反应和产生有害、有毒的化合物，不在动物体内残留。价格低廉，使用方便，操作简单。

2. 常用的饮水消毒剂 目前常用的饮水消毒剂主要有氯制剂、碘制剂及二氧化氯。

3. 操作方法

（1）常量消毒剂消毒法 先在水塔或蓄水池内注满水，然后根据水塔和蓄水池内水的体积以及所用化学消毒剂的常规使用要求，计算出所用消毒剂的剂量，投入水塔或蓄水池，搅拌均匀后，供猪饮用。目前主要采用的是氯化消毒法。若使用的是井水，通常直接在井水中按井水量加入氯化消毒剂。

（2）持续氯化消毒法 将消毒剂装在一个容器内，并在容器上打孔，孔径大小为0.2～0.4毫米，然后将容器放置于水井、蓄水池或水塔内，由于取水时水波震荡，消毒剂不断地由小孔从容器内析出，使水中经常保持一定的有效氯。装消毒剂的容器可因地制宜，采用塑料袋、塑料桶等，加入容器中的氯化消毒剂的剂量，可以是一次加入量的20～30倍，一次投药，可持续消毒10～20天，效果良好。采用本法消毒时，为确保在持续期内饮用水的消毒效果，应经常检查水中的余氯量和水中的细菌总数。根据消毒的效果，对盛有氯化消毒剂的容器上的小孔孔径和数量加以改进。如发现小孔堵塞，应及时疏通。

4. 饮水消毒的注意事项 饮水消毒药由于会被猪摄入体内，而且是长期持续摄入，因此所选用的饮水消毒药除能高效灭菌外，还必须对猪是安全的、无害的。在使用消毒药对饮水进行消毒时，要严格遵守各种消毒药的正确使用浓度，尽管浓度增大，会增强消毒剂的杀菌效果，但其副作用所带来的害处也会增大。另外，饮水中消毒剂浓度高时，会使饮水出现异味，影响猪的饮水量；当浓度过高时，还会危害猪的健康，甚至导致死亡。对猪进行疫苗免疫，尤其是弱毒疫苗免疫的前后 2 天，合计 5 天内应停止饮水消毒；并将饮水用具充分洗净，以免消毒剂将活疫苗中的微生物杀死而使免疫效果降低。

（九）污水消毒

被病原体污染的污水，可用沉淀法、过滤法、化学药品处理法等进行消毒，比较实用的是化学药品消毒法。方法是先将污水处理池的出水管用一木闸门关闭，将污水引入污水池后，加入化学药品（如漂白粉或生石灰）进行消毒。消毒药的用量视污水量而定（一般 1 升污水用 2～5 克漂白粉）。消毒后，将闸门打开，使污水流入渗井或下水道。

四、发生传染病后的消毒

在实施消毒过程中，应根据传染病病原体的种类和传播途径的区别，进行重点消毒，如肠道传染病消毒的重点是排出的粪便及被污染的物品等；呼吸道传染病则主要是消毒空气、分泌物及污染的物品等。与预防消毒不同，疫情期间消毒是以及时杀灭并消除排出的病原微生物而进行的随时的消毒工作。因此，建议加大消毒的次数及所用消毒剂的剂量。

（一）发生一般疫病时的消毒

1. 人员消毒　出入人员脚踏消毒液，紫外线等照射消毒。消毒池内放入 5% 氢氧化钠溶液，每周更换 1～2 次。

2. 场舍消毒　每天对猪舍、养猪场环境等进行消毒，一般用 5% 氢氧化钠溶液或 10% 石灰乳对养猪场的道路、猪舍周围喷洒消毒；用 15% 漂白粉混悬液或 5% 氢氧化钠溶液等喷洒猪舍地面、猪栏；用 0.5%～1% 过氧乙酸溶液带猪喷雾消毒。

3. 污物消毒　粪便、粪池、垫草及其他污物化学或生物热消毒。

4. 用具消毒　猪用具、设备及车辆用 15% 漂白粉混悬液、5% 氢氧化钠溶液等喷洒消毒。对金属设施设备，可采取火焰、熏蒸等方式消毒。

5. 终末消毒　疫情结束后，进行全面的消毒 1～2 次。

（二）发生一类疫病后的消毒

发生一类动物疫病时，在封锁期间，禁止染疫、疑似染疫和易感染的动物、动物产品流出疫区，禁止非疫区的易感染动物进入疫区，并根据扑灭动物疫病的需要对出入疫区的人员、运输工具及有关物品采取消毒和其他限制性措施。口蹄疫疫点、疫区清洗消毒技术如下。

1. 成立清洗消毒队　清洗消毒队应至少配备 1 名专业技术人员负责技术指导。

2. 设备和必需品　清洗工具：扫帚、叉子、铲子、锹和冲洗用水管。消毒工具：喷雾器、火焰喷射枪、消毒车辆、消毒容器等。消毒剂：醛类、氧化剂类、氯制剂类等合适的消毒剂。防护装备：防护服、口罩、胶靴、手套、护目镜等。

3. 疫点内饲养圈舍清理、清洗和消毒　对圈舍内外消毒后再

行清理和清洗。首先清理污物、粪便、饲料等。对地面和各种用具等彻底冲洗，并用水洗刷圈舍、车辆等，对所产生的污水进行无害化处理。对金属设施设备，可采取火焰、熏蒸等方式消毒。对饲养圈舍、场地、车辆等采用消毒液喷洒的方式消毒。饲养圈舍的饲料、垫料等做深埋、发酵或焚烧处理。粪便等污物做深埋、堆积密封或焚烧处理。

4. 交通工具清洗消毒 出入疫点、疫区的交通要道设立临时性消毒点，对出入人员、运输工具及有关物品进行消毒。疫区内所有可能被污染的运载工具应严格消毒，车辆内外及所有角落和缝隙都要用消毒剂消毒后再用清水冲洗，不留死角。车辆上的物品也要做好消毒。从车辆上清理下来的垃圾和粪便要做无害化处理。

5. 牲畜市场消毒清洗 用消毒剂喷洒所有区域。饲料和粪便等要深埋、发酵或焚烧。

6. 屠宰加工、贮藏等场所的清洗消毒 所有牲畜及其产品都要深埋或焚烧。圈舍、过道和舍外区域用消毒剂喷洒消毒后清洗。所有设备、桌子、冰箱、地板、墙壁等用消毒剂喷洒消毒后冲洗干净。所有衣服用消毒剂浸泡后清洗干净，其他物品都要用适当的方式进行消毒。以上所产生的污水要经过处理，达到环保排放标准。

7. 消毒次数 疫点每天消毒 1 次连续 1 周，1 周后每 2 天消毒 1 次。疫区内疫点以外的区域每 2 天消毒 1 次。

五、猪场消毒存在的问题

目前，大多数猪场虽然都在实施不同程度的消毒工作，但由于思想认识和技术操作上的原因，在实际消毒工作中仍存在这样或那样的问题，在一定程度上影响了消毒的效果。

（一）消毒意识淡薄

1. 忽视日常消毒 不少养猪场（户）对生物安全及消毒的重

要性认识不足，没有把生物安全、消毒工作看成是贯彻“预防为主”方针的一项重要措施。认为消毒工作是只在养猪场发生疫病时才采取的一项措施，在没有疫病发生时，消毒只是一种可有可无、随意操作的事情。因此，有的养猪场（户）不消毒或不进行及时消毒，只有当猪发病了，才开始考虑消毒。所以，应该强化日常消毒，防患于未然。

2. 忽视系统消毒　有的养猪场消毒比较盲目，饲养员想到消毒时就消毒，想不到时或工作繁忙时几周甚至于整月都不消毒。也有许多养猪户认为，经过消毒后，环境中的病原微生物被杀死了，生猪就不会得传染病了，认为一次消毒就能预防各种疫病。然而，由于消毒效果的好坏与选用的消毒剂种类、消毒剂的质量及消毒方法有关，经过消毒，并不一定能达到彻底的消毒效果。另外，即使已经进行了彻底的消毒，短时间内很安全，但许多病原体可以通过空气、飞禽、老鼠等污染环境。如果不能做到定期消毒，并将消毒措施贯彻于整个生产过程，就不能有效减少和控制饲养环境中病原微生物的数量。因此，必须制定严格而系统的消毒制度，并定时、彻底、规范消毒，持之以恒，才能做到生猪不生病或少生病。

3. 忽视环境污染　有些养猪场对消毒很重视，能够坚持经常性的消毒，但却忽视生产过程中产生的各种污染。认为只要坚持按要求用消毒剂消毒了，猪就不会发生疫病了，其他各种污染都无关紧要，因此对圈舍很少清扫，粪便或死亡的猪也随意堆放，以至于场内卫生状况太差，不仅严重影响消毒的效果，使消毒工作收效甚微，而且生猪养殖的污染也会日趋严重。

（二）消毒程序不科学

有的猪场在消毒前不做清除和清洁工作。彻底清洗和清扫被消毒的物体是有效消毒的前提，消毒剂必须接触到病原微生物，其杀菌的的作用才能得到发挥。因此，为了达到彻底消毒的目的，在消毒前应先对粪便、污秽杂物等彻底清理。

（三）消毒剂选择不当

部分养猪户在选择消毒剂时，无针对性，随心所欲。认为只要是消毒剂就有消毒效果，而且消毒剂气味越浓、刺激性越强，消毒效果就会越好。其实，不同的病原微生物，对消毒剂的敏感性不同。例如，病毒对碱和甲醛很敏感，而对酚类的抵抗力却很大。大多数的消毒剂对细菌有作用，但对细菌的芽胞和病毒作用很小。消毒剂的消毒效果与其气味无直接的关系，而是与消毒剂的杀菌能力、杀菌谱有关。目前有许多消毒剂是没有气味的，效果却非常好，如戊二醛、聚维酮碘等；相反，有些气味浓、刺激性大的消毒药，却存在着消毒盲区，而且还会刺激呼吸道，引起呼吸道疾病。因此，在生产中要根据病原体的种类、特点及消毒剂的消毒能力，选择适当的消毒剂。

（四）消毒剂的使用不合理

1. 长期使用单一消毒剂 环境中的病原微生物在长期使用同种消毒药时，一段时间之后会产生一定的耐药性，给以后杀灭细菌、病毒增加难度和困难。另外，由于一种消毒剂的杀菌谱相对较窄，不能杀死环境中的所有致病微生物，对其不敏感的微生物就会大量繁殖，使消毒的效果降低。因此，在实际生产中，要做到不同种类的消毒剂交替使用，以提高消毒效果。

2. 多种消毒药混合使用 有些药物之间具有协同作用，采取一些组合消毒的办法可以使消毒能力增强，如戊二醛类的消毒剂在碱性环境中的消毒能力会大大增强。但有些养猪户经常会在不懂配伍禁忌的情况下，随意将两种或两种以上的消毒药混合使用，其结果不但不能增强消毒效果，而且还会因为药物的拮抗效应，降低消毒效果，甚至会产生毒副作用。因此，在使用过程中，应根据具体情况选择不同的消毒剂组合。

3. 使用浓度不当 如果使用的剂量不够，消毒效力就会下降。一般认为，浓度越高，作用时间越长，其作用也就越强。因此，在消毒时，有些养猪户经常不按使用说明，任意加大消毒剂的浓度。事实上，当浓度达到一定程度后，消毒药的效力也就不再增高，甚至有些消毒剂在浓度过高时，消毒效力反而下降，如 96% 以上乙醇的杀菌效果不如 70% 乙醇好。另外，消毒剂的浓度越大，对生猪组织的刺激也就越大，对动物就越不安全，同时也会造成不必要的浪费。因此，在使用消毒剂时，要在能保证消毒效果及生猪安全的情况下，按照推荐的浓度合理使用。

4. 石灰的错误使用 石灰是猪场常用的消毒药。新出窑的生石灰是氧化钙，生石灰只有在遇水后能生成带有氢氧根离子的熟石灰（即氢氧化钙），才具有杀菌能力。但是，有些猪场在入场门口、场区道路或猪舍内的地面上，直接撒一层干石灰来消毒，其实这是不科学的，起不到消毒的作用；而且还会腐蚀、损伤猪脚趾；若被猪吸入呼吸道还会引起呼吸道炎症，出现咳嗽、打喷嚏等症状。还有一些猪场，用放置时间过久的熟石灰来消毒，这也达不到消毒的效果，因为石灰放置时间过长，就会与空气中的二氧化碳发生化学反应，生成碳酸钙，从而完全丧失杀菌消毒作用。因此，生石灰需要现买现用，并将其加水配成 10%～30% 的石灰乳进行消毒。

5. 消毒池中的消毒药长时间不更新 目前，在猪场的大门口及猪舍入口处都设有消毒池，但消毒池内的消毒药往往长时间不更换，这样的消毒池形同虚设，起不到消毒的作用。因为随着过往的人员和车辆对消毒药的消耗，消毒池内的有效浓度会降低；而且消毒池中的消毒药如火碱能不断地与空气中的二氧化碳反应而被消耗，再加上雨水的稀释冲淡，随着时间延长，其消毒性能逐渐降低甚至失去消毒的作用。因此，应根据过往人员和车辆的数量、频率及天气等情况，定期更换消毒液，最好每天更换 1 次消毒液。

六、影响消毒效果的因素

（一）消毒剂的选择

在选用消毒剂时，应因地制宜，根据不同的环境特点，针对所要杀灭的病原微生物特点、消毒对象的特点、环境温度、湿度、酸碱度等，选择对病原体消毒力强，对人、猪毒性小，不损坏被消毒物体，易溶于水，在消毒环境中比较稳定，价廉易得，使用方便的消毒剂。例如，饮水消毒应选用漂白粉等；消毒猪体表时，应选择消毒效果好而又对猪无害的 0.1% 新洁尔灭、0.1% 过氧乙酸等。

（二）消毒剂的浓度

消毒剂必须按要求的浓度配制和使用，浓度过高或过低，均会影响消毒效果。一般来说，消毒剂的浓度和消毒效果成正比，即消毒剂浓度越大，其消毒效力越强（但是 70%～75% 乙醇比其他浓度乙醇消毒效力都强）；但浓度越大，对机体、器具的损伤或破坏作用也越大。因此，在消毒时，应根据消毒对象、消毒目的的需要，选择既有效又安全的浓度，不可随意加大或减少药物的浓度。熏蒸消毒时，应根据消毒空间大小和消毒对象计算消毒剂用量。

（三）消毒剂作用时间

消毒剂与病原微生物接触时间越长，杀死病原微生物越多。因此，消毒时，要使消毒剂与消毒对象有足够的接触时间。消毒时间长短，主要取决于病原微生物的抵抗力和消毒剂的种类、浓度和环境温度等。

（四）消毒剂作用温度

大部分消毒剂在较高的温度下，消毒效果好，增强消毒剂的杀

菌力，并能缩短消毒时间。一般是每增高 10℃，消毒效果增强 1～2 倍；但个别消毒剂随着温度升高，其杀菌率反而降低。所以，应掌握各种消毒剂的使用温度。

（五）环境湿度

湿度对消毒剂作用的影响主要有消毒物品湿度和环境相对湿度两个方面。消毒物品的湿度直接影响到微生物的含水量。如用环氧乙烷消毒时，细菌含水量太多时则需要延长消毒时间；细菌含水量太少时消毒效果也明显降低；完全脱水的细菌用其消毒时很难将菌杀灭。另外，每种气体消毒剂都有其适应的空气湿度范围，如甲醛以空气相对湿度大于 60% 为宜，用过氧乙酸消毒时要求空气相对湿度不低于 40%，以 60%～80% 为宜；直接喷洒消毒及干粉处理地面时也需要较高的空气湿度，使药物潮解后才能充分发挥作用。湿度对熏蒸消毒的影响较大，用甲醛或过氧乙酸气体熏蒸消毒时，空气相对湿度以 60%～80% 为宜。

（六）环境酸碱度

酸碱度的变化可影响某些消毒剂的作用。酸碱度可改变消毒剂的溶解度、离解度和分子结构等，如新洁尔灭等阳离子消毒剂，在碱性环境中杀菌力强；石炭酸、来苏儿、氯消毒剂和碘消毒剂，在酸性环境中杀菌作用增强。

（七）有机物含量

消毒剂的抗菌作用与环境中有机物量的多少成反比。粪便、饲料残渣、污物、排泄物、分泌物等，对病原微生物有机械保护作用和降低消毒剂消毒作用。因此，在使用消毒剂消毒时必须先将消毒对象（地面、设备、用具、墙壁等）清扫、洗刷干净，再使用消毒剂，使消毒剂能充分作用于消毒对象。有机物影响较大的消毒剂有新洁尔灭、过氧乙酸、次氯酸盐等。

（八）微生物的特点

不同种类的微生物对不同消毒药的易感性差异很大。休眠期的芽胞对消毒药的抵抗力比繁殖型细菌大，消毒时所需浓度和时间都要增加。因此，选择消毒剂时要考虑到消毒对象，如要杀死病毒应选用对病毒消毒效果好的碱性消毒剂。

（九）消毒剂的物理状态

溶液制剂可进入微生物体内而发挥消毒作用，固体和气体则不能进入微生物细胞中。所以，固体消毒剂必须溶于水中，气体消毒剂必须溶于细菌周围的液层中才能发挥杀菌作用。如使用甲醛和高锰酸钾进行熏蒸消毒时，提高室内湿度则可明显增强杀菌效果。

（十）消毒剂的配制和使用

消毒剂的正确配制关系到消毒效果的好坏。洗必泰和季铵盐类消毒剂用 70% 乙醇配制时要比用水配制的穿透力强；酚在水中的溶解度低，制成甲酚皂溶液后可杀灭大多数细菌繁殖体。另外，两种消毒剂联合使用时常常因物理性或化学性的配伍禁忌而使药效降低，如阳离子表面活性剂肥皂和阴离子表面活性剂共用时可发生化学反应而减弱消毒效果，甚至完全失效。配制消毒剂时使用含过多矿物质的硬水，可影响某些消毒剂的杀菌能力。当环境中存在某些消毒剂的中和剂时，影响该消毒剂的杀菌能力。因此，多种消毒剂联合使用时，应该特别慎重。

（十一）规范操作

消毒剂只有接触病原微生物，才能将其杀灭。因此，喷洒消毒剂一定要均匀，每个角落都喷洒到位，避免操作不当，影响消毒效果。

（十二）交替或配合使用消毒剂

根据不同消毒剂的特性、成分、原理，可选择多种消毒剂交替使用或配合使用。但在配合使用时，应注意药物间的配伍禁忌，防止配合后反应引起的减效或失效。如苯酚忌配合高锰酸钾、过氧化物；新洁尔灭忌与碘化钾、过氧乙酸等配伍使用。

（十三）消毒制度

养猪生产各个环节的消毒工作必须制定严格的制度，以保证和维持消毒效果。在进行消毒工作时还应严格执行消毒操作规程，认真、全面完成消毒任务。

第五章 猪场废弃物处理

一、粪尿处理

（一）处理原则

猪场应采用先进的工艺、技术与设备、改善管理、综合利用等措施，从源头削减污染量。猪粪便处理应坚持综合利用的原则，实现粪便的资源化。猪场必须建立配套的粪便无害化处理设施或处理（置）机制，应严格执行国家有关的法律、法规和标准，猪粪便经过处理达到无害化指标或有关排放标准后才能施用和排放。发生重大疫情的养猪场粪便，必须按照国家兽医防疫有关规定处置。

（二）工艺流程

随着养猪业的发展，猪粪尿及污物对环境的污染越来越大，为了保证人类有一个良好的生存空间，对猪排泄的粪尿及污物进行无害化处理是养猪生产中的一个重要环节。目前常用的粪便处理工艺流程：

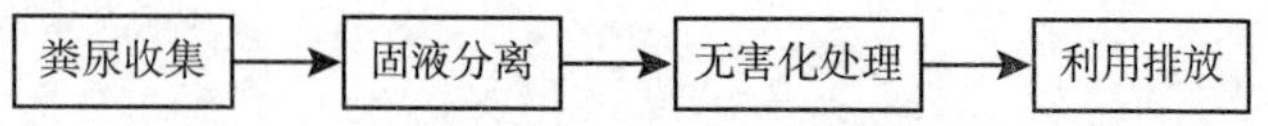

（三）处理场地的要求

新建、扩建和改建养猪场或养猪小区必须配置粪便处理设施或粪便处理场。猪场禁止在下列区域内建设粪便处理场：生活饮用水水源保护区、风景名胜区、自然保护区的核心区及缓冲区；城市和城镇居民区，包括文教科研区、医疗区、商业区、工业区、游览区等人口集中地区；县级人民政府依法划定的禁养区域；国家或地方法律、法规规定需特殊保护的其他区域。在禁建区域附近建设粪便处理设施和单独建设的粪便处理场，应设在规定的禁建区域常年主导风向的下风向或侧风向处，场界与禁建区域边界的最小距离不得小于 500 米。猪的平均产粪量见表 5–1。

表 5–1　猪的平均产粪量

猪的类型	猪的体重（千克）	每猪每天产粪量（千克）	每猪每天产粪量（米 ^{3}）
培育仔猪	16	1.3	0.0014
生长猪	30	2.5	0.0026
育肥前期猪	68	5.7	0.0058
育肥后期猪	90	7.6	0.0077
妊娠母猪	125	10.5	0.0106
哺乳母猪	170	15.0	0.0152
公　猪	160	13.4	0.0136

注：设粪便的含水量为 90.8%，限饲的妊娠母猪和公猪产粪较少（往往不到表中数据的一半）。

（四）处理场地的布局

设置在猪场内的粪便处理设施应按照 NY/ T 682 的规定设计，应设在猪场的生产区、生活管理区的常年主导风向的下风向或侧风向处，与主要生产设施之间保持 100 米以上的距离。

（五）粪便的收集

新建、扩建和改建养猪场应采用先进的清粪工艺，避免粪便与冲洗污水等其他污水混合，减少污染物排放量，已建的猪场要逐步改进清粪工艺。粪便收集、运输过程中必须采取防扬散、防流失、防渗漏等环境污染防止措施。猪场的清粪方式常见的有手工清粪、刮粪板清粪和水冲清粪等方式。快速清粪的最好办法是采用漏缝地板，用刮粪板清粪和水冲清粪。如果地面全部是实体水泥地面，地面倾向排水沟或粪沟的坡度为4%～5%，冲洗液迅速从猪的栖息区流入沟内。地面要勤冲洗以保持清洁，舍内要保持一定的空气流动和供热，以使地面迅速干燥，尤其是在冬天。实体地面冲洗粪便比刮粪效果好，因为刮粪后地面还留有一薄层粪尿仍然可以向舍内散发水汽和臭气。

（六）粪便向贮粪池的转运

如果贮粪坑直接座落在漏缝地板下面，粪便的转运问题就比较简单；但直接在猪舍地面下贮粪有其严重缺点，猪粪在漏缝地板下贮存5～7天后由于微生物大量繁殖会产生大量气体和臭味，这会影响猪群和饲养员的健康。如果每周1～2次将舍内粪便转运到舍外的贮粪场所，猪舍内的这些问题就解决了。转移猪粪的基本方法有两种，即刮粪法和冲洗法。带舍外运动场的开放式猪舍通常采用厩床和刮粪的方法。刮粪工作可以采用人工或机械，将相对固态的猪粪集中堆积在集粪区，然后集中运出。开放式猪舍舍外运动场的雨水冲刷物是污水，必须加以适当处理以免污染地面水源。利用一个沉淀池可将雨水冲刷物中的固体部分分离后除去，再用一个蓄水池将冲刷物中的液体部分蓄留起来用于肥田。刮粪法成本低，但只能处理固态猪粪，但固态猪粪积存时间超过7天，就会滋生苍蝇。在水源充足，粪池容积大时，采用冲洗法。冲洗法常用水箱－粪沟冲刷式、重力引流式、粪沟再注式等方式。

（七）粪便的贮存

养猪场应设置专门的粪便贮存设施及液体和固体废弃物贮存设施。粪便贮存设施位置必须距离地表水体400米以上；应设置明显标志和围栏等防护措施。贮存设施必须有足够的空间来贮存粪便。贮存设施必须进行防渗处理，防止污染地下水，还应采取防雨（水）措施，不应产生二次污染。

（八）粪便堆积发酵

固体粪便宜采用条垛式、机械强化槽式和密闭仓式堆积发酵等技术进行无害化处理，可根据资金、占地等实际情况选用（图5–1）。采用条垛式堆肥，发酵温度45℃以上的时间不少于14天。采用机械强化槽式和密闭仓式堆肥时，保持发酵温度50℃以上时间不少于7天，或发酵温度45℃以上的时间不少于14天。禁止未经无害化处理的粪便直接施入农田。

图5–1　粪便堆积发酵

用作肥料的粪便处理可分为直接利用、高温堆肥和药物处理等方法。在这些方法当中，直接利用不符合卫生要求，而且肥效也不高，因此最常用的还是高温堆肥法。高温堆肥是将粪便与有机物、杂草能混合在一起后，堆积起来，给微生物创造一个温度、湿度、气体及营养方面均适宜其生长、繁殖的良好环境，使微生物大量生长繁殖，从而将粪便当中的有机物分解，并将其转化为植物能吸收的无机物或腐殖质等优质肥料，其肥效可比新鲜粪便提高4～5倍。另外，堆肥的过程中产生的高温及微生物的相互拮抗作用，可使其内的病原微生物及寄生虫的虫卵死亡，达到无害化的目的。本方法投入少、操作简单、效果明显，很容易做到。粪便经过堆肥处理后必须达到卫生学要求（表 5–2）。

表 5–2　粪便堆肥无害化卫生学要求

项　目	卫生标准
蛔虫卵	死亡率≥ 95%
粪大肠菌群数	10^5 个 / 千克
苍　蝇	有效地控制苍蝇滋生，堆体周围没有活的蛆、蛹或新羽化的成蝇

（九）液态粪污处理

液态粪污可以运用沼气发酵、高效厌氧、好氧、自然生物处理等技术进行无害化处理。处理后的上清液和沉淀物应实现农业综合利用，避免产生二次污染。处理后的上清液、沉淀物作为肥料进行农业利用时，其卫生学指标应达到相关要求（表 5–3）。

表 5–3　液态粪便厌氧无害化卫生学要求

项　目	卫生标准
寄生虫卵	死亡率≥ 95%
血吸虫卵	在使用粪液中不得检出活的血吸虫卵
粪大肠菌群数	常温沼气发酵≤ 10 000 个 / 升，低温沼气发酵≤ 100 个 / 升
蚊子、苍蝇	有效地控制苍蝇滋生，粪液中无孑孓，池的周围无活的蛆、蛹或新羽化的成蝇
沼气池粪渣	达到要求后可用作农肥

（十）化粪池生物处理

化粪池可以设计成适合厌氧菌或需氧菌的良好环境，但大多数化粪池是厌氧池，因为其成本较低。需氧化粪池只用于严禁臭气的地方或还田面积有限的地区。这些化粪池必须很浅（不超过 1.5

米），以保证整个池中氧气的扩散和阳光的透入，这样才能使整个池中产生氧气的藻类能够繁衍生息。需氧化粪池需要的容积应为厌氧化粪池的2倍多。如果池中有机械供氧条件，需氧化粪池可以设计得小些，但启动和运作成本较高。厌氧化粪池要有一定的深度以确保无氧条件，可以减少池表面积和占地面积。典型的厌氧池达6米深，但深度不得低于正常地下水位。池壁和池底应有防漏功能，以免污染地下水。粪便在池中长期贮存后本身会形成一层自然封闭层，但对沙性土质池可能需要一层黏土层或人工衬里防漏。多数化粪池属于一级池，即只有一个粪池。但是如果需要冲刷用水需要有二级池，二级化粪池由二个粪池组成，第一个粪池较大，池满后溢到第二个较小的次级池中。次级池的水较澄清，适合于用作循环水送回猪舍供冲洗用。厌氧化粪池所需总容量等于细菌生存所需的最低容量加上排入1年猪粪的容量，再加上淤泥的积累和雨水及冲涮液的容量。表5–4给出了低臭化粪池最低容量的参考值。温暖气候下的最低容量可以通过夏、冬之间的线性推导算得。淤泥沉积量可按每头猪体重乘以全场饲养量再乘以0.012米^3，最后乘以每两次挖走淤泥之间的年数。雨水和冲刷液容量则要根据当地气象资料和与粪池相应的猪场引流面积来估算。

表5–4　低臭化粪池最低容量建议值

化粪池类型		寒冷气候容量（米^3/千克猪）	炎热气候容量（米^3/千克猪）
一级池		0.177	0.089
二级池	初级池	0.133	0.066
	次级池	0.044	0.023

（十一）沼气发酵

1. 沼气池设计建造　沼气是甲烷产气菌在沼气池物料中发酵产生的甲烷气体。使粪便产生沼气的条件首先是保持无氧环境，可以

图 5-2　沼 气 池

建造四壁不透气的沼气池，上面加盖密封（图 5-2）。

2. 沼气产生　沼气产生需要充足的有机物，以保证沼气菌等各种微生物正常生长和大量繁殖，一般为每立方米发酵池容积每天加入 1.6～4.8 千克固形物为宜。有机物中碳氮比适当，在发酵原料中，碳氮比一般为 25∶1 时，产气系数较高。沼气菌的活动以 35℃最活跃，此时产气快且多，发酵期约为 1 个月，如池温在 15℃时，则产生沼气少而慢，发酵期约为 1 年；沼气菌生存温度范围为 8℃～70℃。沼气池保持在 pH 值 6.4～7.2 时产气量最高，酸碱度可用 pH 试纸测试。一般情况下发酵液可能过酸，可用石灰水或草木灰中和。发酵连续时间一般为 10～20 天，然后清出废料。在发酵时粪便应进行稀释，稀释不足会增加有害气体（如氨等）或积聚有机酸而抑制发酵，但过稀则耗水量增加，并增大发酵池容积。通常发酵干物质与水的比例以 1∶10 为宜。在发酵过程中，对发酵液进行搅拌，能大大促进发酵过程，增加能量回收率和缩短发酵时间，如果能在发酵池上安装搅拌器，则产气效果好，搅拌可连续或间歇进行。1 头 68 千克体重的猪，每天的排泄物能产生 0.05～0.1 米^3 沼气。理想的发酵用粪尿含固型物应为 8%～12%；而漏缝地板下收集的粪尿含固型物约 3%～6%，冲刷性粪便含固型物约 0.5%，因此猪粪尿通常还需浓缩脱水才能用于沼气生产。甲烷产气菌的生长繁殖需要消耗能量，在一定范围内，温度越高其自身能耗越大，但产气速度越快，嗜温菌消化猪粪平均需要 12～18 天，嗜热菌相应为 5～6 天。生产沼气的容器，有隔热良好的钢质发酵罐，也有埋在地下的水泥沼气池。发酵过程中需要定期补充投入新的物料（图 5-3、图 5-4）。

3. 沼气发酵残渣的综合利用　粪便经沼气发酵，其残渣中约

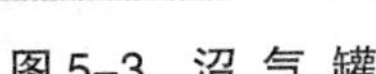
图 5-3　沼 气 罐

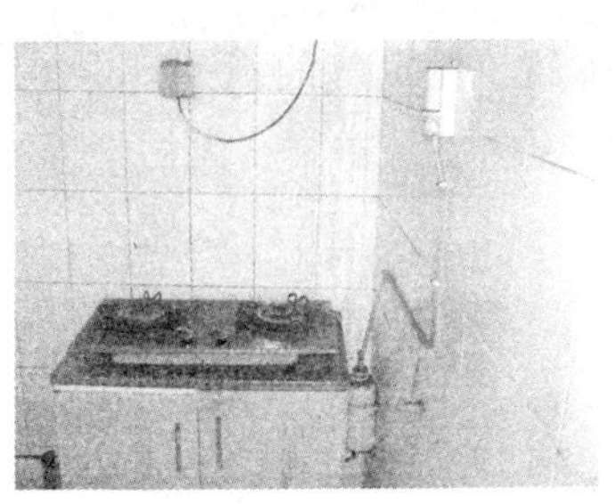
图 5-4　沼气做饭

95% 的寄生虫卵被杀死，钩端螺旋体、大肠杆菌全部或大部分被杀死，同时残渣中还保留了大部分养分。因此，沼气发酵残渣可作为饲料。直接做鱼的饲料，可促进水中浮游生物的繁殖，从而增加了鱼饵；发酵残渣还可做蚯蚓的饲料。另外，发酵残渣是高效肥，无臭味，不招苍蝇，施于农田肥效良好，沼渣中尚含植物生长素类物质，可作为果树和花的肥料，作食用菌培养料增产效果亦佳。

（十二）生态养猪

生态养猪法的原理是利用微生物生态床进行自然生物发酵，即利用发酵床菌种，按一定比例混合秸秆、锯末屑、稻壳粉和粪便（或泥土）进行微生物发酵繁殖形成一个微生态床工厂，并以此作为猪圈的垫料。再利用生猪的拱翻习性作为机器加工，使猪粪、尿和垫料充分混合，通过生态床的分解发酵，使猪粪、尿中的有机物质得到充分的分解和转化，微生物以尚未消化的猪粪为食饵，繁殖滋生。同时，繁殖生长的大量微生物又向生猪提供了无机物营养和菌体蛋白质，从而相辅相成地将猪舍垫料生态床演变成微生态饲料加工厂，达到无臭、无味、无害化的目的，是一种无污染、

图 5-5　发酵床养猪

无排放、无臭气的新型环保生态养猪技术，具有成本低、耗料少、操作简便、效益高、无污染等优点（图 5-5）。

二、病死猪处理

病死猪含大量病原体，是引发猪疫病的重要传染源。对病死猪要及时进行无害化处理，有利于防止病原扩散，防止疫病的发生和流行。

（一）病死猪的运送

运送猪尸体和病害猪产品应采用密闭的、不渗水的容器，装前卸后必须消毒。

1. 运送前的准备 设置警戒线、防虫：猪尸体和其他须被无害化处理的物品应被警戒，以防止其他人员接近、防止家养动物、野生动物及鸟类接触和携带染疫物品。如果存在昆虫传播疫病给周围易感动物的危险，就应考虑实施昆虫控制措施。如果对染疫猪尸体及产品的处理被延迟，应用有效消毒药品彻底消毒。工具准备：运送车辆、包装材料、消毒用品。人员准备：工作人员应穿戴工作服、口罩、护目镜、胶鞋及手套，做好个人防护。

2. 装 运

（1）堵孔 装车前应将尸体各天然孔用蘸有消毒液的湿纱布、棉花严密填塞。

（2）包装 使用密闭、不泄漏、不透水的包装容器或包装材料包装动物尸体，运送的车厢和车底不透水，以免流出粪便、分泌物、血液等污染周围环境。

（3）注意事项 一要注意箱体内的物品不能装的太满，应留下半米或更多的空间，以防肉尸的膨胀（取决于运输距离和气温）。二要注意肉尸在装运前不能被切割，运载工具应缓慢行驶，以防止遗散。三要注意工作人员应携带有效消毒药品和必要消毒工具及处

理路途中可能发生的遗散。四要注意所有运载工具在装前卸后必须彻底消毒。

3. 运送后消毒　在尸体停放过的地方，应用消毒液喷洒消毒。土壤地面，应铲去表层土，连同动物尸体一起运走。工作人员用过的手套、衣物及胶鞋等也应进行消毒。运送过动物尸体的用具、车辆应严格消毒。

（二）无害化处理方法

对染疫猪及其产品的无害化处理，要严格按照《病害动物和病害动物产品生物安全处理规程》（GB 16548）执行。该标准规定了猪病害肉尸及其产品的销毁、化制、高温处理和化学处理的技术规程。其他动物病害肉尸及其产品的无害化处理，可以参照该标准执行。

1. 销毁　销毁的适用对象：一是确认为口蹄疫、猪水疱病、猪瘟、非洲猪瘟、猪密螺旋体痢疾、猪囊尾蚴、急性猪丹毒、钩端螺旋体病（已黄染肉尸）、布鲁氏菌病、结核病的染疫动物及其他严重危害人、畜健康的病害动物及其产品。二是病死、毒死或不明死因动物的尸体。三是经检验对人、畜有毒有害的、需销毁的病害动物和病害动物产品。四是从动物体割除下来的病变部分。五是人工接种病原生物系或进行药物试验的病害动物和病害动物产品。六是国家规定的应该销毁的动物和动物产品。

（1）掩埋法　本法不适用于患有炭疽等芽胞杆菌类疫病，以及牛海绵状脑病、痒病的染疫动物及产品、组织的处理。

①选择地点　掩埋地应远离学校、公共场所、居民住宅区、村庄、动物饲养和屠宰场所、饮用水源地、河流、泄洪区、草原及交通要道，避开岩石地区，位于主导风向的下方，不影响农业生产，避开公共视野。

②挖坑　挖掘及填埋设备需挖掘机、装卸机、推土机、平路机和反铲挖土机等，挖掘大型掩埋坑的适宜设备应是挖掘机。

③修建掩埋坑　掩埋坑的大小取决于机械、场地和所须掩埋物

品的多少；坑应尽可能的深（2～7 米），坑壁应垂直；坑的宽度应能让机械平稳地水平填埋处理物品，如果使用推土机填埋，坑的宽度不能超过一个举臂的宽度（大约 3 米），否则很难从一个方向把肉尸水平地填入坑中，确定坑的适宜宽度是为了避免填埋后还不得不在坑中移动肉尸；坑的长度则应由填埋物品的多少来决定；估算坑的容积可参照以下参数：坑的底部必须高出地下水位至少 1 米，每头大型成年动物（或 5 头成年猪）约需 1.5 $米^3$ 的填埋空间，坑内填埋的肉尸和物品不能太多，掩埋物的顶部距坑面不得少于 1.5 米（图 5-6）。

④掩埋　在坑底撒漂白粉或生石灰，用量可根据掩埋尸体的量确定（0.5～2 千克 / $米^2$），掩埋尸体量大的应多加，反之可少加或不加。动物尸体先用 10% 漂白粉上清液喷雾（200 毫升 / $米^2$），作用 2 小时。将处理过的动物尸体投入坑内，使之侧卧，并将污染的土层和运尸体时的有关污染物如垫草、绳索、饲料、少量的奶和其他物品等一并入坑。先用 40 厘米厚的土层覆盖尸体，然后再放入未分层的熟石灰或干漂白粉 20～40 克 / $米^2$（2～5 厘米厚），然后覆土掩埋，平整地面，覆盖土层厚度不应少于 1.5 米。掩埋场应标志清楚，并得到合理保护（图 5-7）。应对掩埋场地进行必要的检查，以便在发现渗漏或其他问题时及时采取相应措施，在场地可被重新开放载畜之前，应对无害化处理场地再次复查，复查应在掩埋

图 5-6　深 埋 坑

图 5-7　无害化处理掩埋标识

坑封闭后 3 个月进行。

⑤注意事项　一是石灰或干漂白粉切忌直接覆盖在尸体上，因为在潮湿的条件下熟石灰会减缓或阻止尸体的分解。二是对牛、马等大型动物，可通过切开瘤胃（牛）或盲肠（马）对大型动物开膛，让腐败分解的气体逃逸，避免因尸体腐败产生的气体导致未开膛动物的膨胀，造成坑口表面的隆起甚至尸体被挤出。对动物尸体的开膛应在坑边进行，严禁人到坑内去处理动物尸体。三是掩埋工作应在相关人员监督指挥下，严格按程序进行，所有工作人员在工作开始前必须接受培训。四是掩埋后的地表环境应使用有效消毒药喷撒消毒。

（2）焚烧法　将病害动物尸体或病害动物产品投入焚化炉或用其他方式烧毁炭化。焚化可采用的方法有：柴堆火化、焚化炉和焚烧窖 / 坑等（图 5–8、图 5–9）。

图 5–8　焚烧坑焚烧法

图 5–9　焚烧炉焚烧

①柴堆选择地点　应远离居民区、建筑物、易燃物品，上面不能有电线、电话线，地下不能有自来水、燃气管道，周围有足够的防火带，位于主导风向的下方，避开公共视野。

②准备火床

十字坑法：按十字形挖两条坑，其长、宽、深分别为 2.6 米、0.6 米、0.5 米，在两坑交叉处的坑底堆放干草或木柴，坑沿横放数条粗湿木棍，将尸体放在架上，在尸体的周围及上面再放些木柴，然后在木柴上倒些柴油，并压以砖瓦或铁皮。

单坑法：挖一条长、宽、深分别为2.5米、1.5米、0.7米的坑，将取出的土堆堵在坑沿的两侧。坑内用木柴架满，坑沿横架数条粗湿木棍，将尸体放在架上，以后处理同上法。

双层坑法：先挖一条长、宽各2米、深0.75米的大沟，在沟的底部再挖一长2米、宽1米、深0.75米的小沟，在小沟沟底铺以干草和木柴，两端各留出18～20厘米的空隙，以便吸入空气，在小沟沟沿横架数条粗湿木棍，将尸体放在架上，以后处理同上法。

③焚　烧

摆放动物尸体：把尸体横放在火床上，较大的动物在底部，较小的动物放在上部，最好把尸体的背部向下、而且头尾交叉，尸体放置在火床上后，可切断动物四肢的伸肌腱，以防止在燃烧过程中，肢体的伸展。

浇燃料、设点火点：燃料的种类和数量应根据当地资源而定，以下数据可作为焚化1头成年大牲畜的参考：大木材，3根，2.5米×0.1米×0.075米；干草，一捆；小木材，35千克；煤炭，200千克；液体燃料，5升。总的燃料需要可根据1头成年牛大致相当4头成年猪或肥羊来估算。当动物尸体堆放完毕、且气候条件适宜时，用柴油浇透木柴和尸体（不能使用汽油），然后在距火床10米处设置点火点。

焚烧：用煤油浸泡的破布作引火物点火，保持火焰的持续燃烧，在必要时要及时添加燃料。

焚烧后处理：焚烧结束后，掩埋燃烧后的灰烬，表面撒布消毒剂。填土高于地面，场地及周围消毒，设立警示牌，经常查看。

注意事项：一是应注意焚烧产生的烟气对环境的污染。二是点火前所有车辆、人员和其他设备都必须远离火床，点火时应顺着风向进入点火点。三是进行自然焚烧时应注意安全，须远离易燃易爆物品，以免引起火灾和人员伤害。四是运输器具应当消毒。五是焚烧人员应做好个人防护。六是焚烧工作应在现场督察人员的指挥、控制下，严格按程序进行，所有工作人员在工作开始前必须接受培训。

（3）**发酵法**　这种方法是将尸体抛入专门的动物尸体发酵池内，利用生物热的方法将尸体发酵分解，以达到无害化处理的目的。

①选择地点　选择远离住宅、动物饲养场、草原、水源及交通要道的地方。

②建发酵池　池为圆井形，深9～10米，直径3米，池壁及池底用不透水材料制作成（可用砖砌成后涂层水泥）。池口高出地面约30厘米，池口做一个盖，盖平时落锁，池内有通气管。如有条件，可在池上修一小屋。尸体堆积于池内，当堆至距池口1.5米处时，再用另一个池。此池封闭发酵，夏季不少于2个月，冬季不少于3个月，待尸体完全腐败分解后，可以挖出作肥料，两池轮换使用（图5–10）。

2. 化制　适用于除规定应该销毁的动物疫病以外的其他疫病的染疫动物，以及病变严重、肌肉发生退行性变化的动物的整个尸体或胴体、内脏。操作方法：利用干化、湿化机，将原料分类，分别投入化制（图5–11）。

图5–10　化 尸 池

图5–11　动物尸体化制机

3. 消　毒

（1）**适用对象**　除规定应该销毁的动物疫病以外的其他疫病的

染疫动物的生皮、原毛及未经加工的蹄、骨、角、绒。

（2）**高温处理法** 适用于染疫动物蹄、骨和角的处理。将肉尸做高温处理时剔出的蹄、骨和角放入高压锅内蒸煮至脱胶或脱脂时止。

（3）**盐酸食盐溶液消毒法** 适用于被病原微生物或可疑被污染和一般染疫动物的皮毛消毒。用2.5%盐酸溶液和15%食盐水溶液等量混合，将皮张浸泡在此溶液中，并使溶液温度保持在30℃左右，浸泡40小时，1米^{2}皮张用10升消毒液；浸泡后捞出沥干，放入2%氢氧化钠溶液中，以中和皮张上酸，再用水冲洗后晾干。也可按100毫升25%食盐水溶液中加入盐酸1毫升配制消毒液，在室温15℃条件下浸泡48小时，皮张与消毒液之比为1∶4；浸泡后捞出沥干，再放入1%氢氧化钠溶液中浸泡，以中和皮张上的酸，再用水冲洗后晾干。

（4）**过氧乙酸消毒法** 适用于任何染疫动物的皮毛消毒。将皮毛放入新鲜配制的2%过氧乙酸溶液中浸泡30分钟，捞出，用水冲洗后晾干。

（5）**碱盐液浸泡消毒** 适用于被病原微生物污染的皮毛消毒。将病皮浸入5%碱盐液（饱和盐水内加5%氢氧化钠）中，室温（18℃～25℃）浸泡24小时，并随时加以搅拌，然后取出挂起，待碱盐液流净，放入5%盐酸液内浸泡，使皮上的酸碱中和捞出，用水冲洗后晾干。

（6）**煮沸消毒法** 适用于染疫动物鬃毛的处理。将鬃毛于沸水中煮沸2～2.5小时。

三、其他废弃物处理

关于免疫废弃物的处理，对已稀释的疫苗剩余部分应煮沸倒掉，用过的酒精棉球、碘酊棉球等废弃物，特别是活疫苗瓶应收集后焚烧或深埋处理，切忌在栏舍内乱扔乱放，防止散毒。

四、几种动物疫病的无害化处理

（一）口 蹄 疫

所有病死牲畜、被扑杀牲畜及其产品、排泄物及被污染或可能被污染的垫料、饲料和其他物品应当进行无害化处理。无害化处理可以选择深埋、焚烧等方法，饲料、粪便也可以堆积发酵或焚烧处理。深埋：选址，掩埋地应选择远离学校、公共场所、居民住宅区、动物饲养和屠宰场所、村庄、饮用水源地、河流等，避开公共视线。深度，坑的深度应保证动物尸体、产品、饲料、污染物等被掩埋物的上层距地表 1.5 米以上。坑的位置和类型应有利于防洪。焚烧：掩埋前，要对需掩埋的动物尸体、产品、饲料、污染物等实施焚烧处理。消毒：掩埋坑底铺 2 厘米厚生石灰；焚烧后的动物尸体、产品、饲料、污染物等表面，以及掩埋后的地表环境应使用有效消毒药品喷洒消毒。填土，用土掩埋后，应与周围持平。填土不要太实，以免尸腐产气造成气泡冒出和液体渗漏。掩埋后应设立明显标记。焚化：疫区附近有大型焚尸炉的，可采用焚化的方式。发酵：饲料、粪便可在指定地点堆积，密封发酵，表面应进行消毒。以上处理应符合环保要求，所涉及的运输、装卸等环节要避免遗撒，运输装卸工具要彻底消毒后清洗。

（二）高致病性猪蓝耳病

对所有病死猪、被扑杀猪及可能被污染的产品（包括猪肉、内脏、骨、血、皮、毛等），按照上述的无害化处理方法，选择适当的方法进行处理。

（三）猪　瘟

所有病死猪、被扑杀猪及其产品等，按照上述的无害化处理方法，选择适当的方法进行处理。

（四）猪链球菌病

对所有病死猪、被扑杀猪及可能被污染的产品（包括猪肉、内脏、骨、血、皮、毛等），按照《病害动物和病害动物产品生物安全处理规程》（GB 16548—2006）执行；对于猪的排泄物和被污染或可能被污染的垫料、饲料等物品均需进行无害化处理。猪尸体需要运送时，应使用防漏容器，并在动物卫生监督机构的监督下实施。

（五）猪伪狂犬病

患病猪及其产品等，按照上述的无害化处理方法，选择适当的方法进行处理。

第六章

猪场饲养管理

猪场要树立“预防为主”的思想，在做好防疫、消毒、无害化处理工作的同时，还要做好饲料卫生、制度建立、引种、检疫、人员、药物预防、杀虫、灭鼠等综合性饲养管理工作，才能确保防疫消毒工作的效果。

一、猪场卫生防疫制度

猪场应当按照国家有关法律、法规和规章的要求，建立健全防疫、消毒、疫情报告、检疫申报、无害化处理等各项卫生防疫制度，并悬挂上墙。

以下五个制度为范例，仅供参考。

（一）防疫制度

认真贯彻《动物防疫法》等法律、法规，坚持“预防为主”的原则，严格按照有关规定认真做好动物疫病的免疫、监测等工作。

养殖场（小区）法人代表为动物防疫主要责任人，认真组织抓好各项动物防疫措施的落实。

养殖场（小区）必须经动物卫生监督机构进行动物防疫条件审核、审批并验收合格，颁发《动物防疫条件合格证》后，方可投入使用。

养殖场（小区）动物强制免疫工作由场方兽医负责完成。使用的疫苗必须是正规厂家生产并由动物疫病预防控制机构逐级供应的合格产品并建立台账。要严格按照疫苗使用说明进行保存和操作。

养殖场（小区）内动物的免疫要按照国家规定的强制免疫病种和程序进行，保持免疫密度达到100%。定期进行监测，确保免疫抗体合格率常年保持国家规定的标准。

对养殖场（小区）自定的免疫病种，要制定科学的免疫程序。

要建立完整的免疫档案，认真登记相关信息，动物免疫后要加施猪标识。

病畜要及时隔离、治疗，病死动物要进行无害化处理。

（二）消毒制度

要严格按照消毒规程进行定期消毒。

要至少备有两种以上消毒药物，不同品种的消毒药物应交替使用。

养殖场（小区）正门要设有消毒池或铺垫浸有消毒药液的草垫。进出车辆、人员要进行消毒。

生活区（办公室、宿舍、食堂及其周围环境等）每天清扫1次，每月用消毒药喷洒消毒1次。

更衣室每天消毒1次，采用紫外线照射法；工作服每周消毒1次，采用药物浸泡法。

生产区圈舍每天至少清扫1次，每周用消毒药喷洒消毒3次；运动场地每周清理1次，每两周用消毒药喷洒消毒1次；清理的垫料、粪便进行堆积发酵处理。

进入生产区的人员必须脚踏消毒池（盆）消毒。

（三）疫情报告制度

发现动物疫情时要按照有关规定的程序和时限逐级上报。

发现下列情况必须快报，并由动物疫病预防控制机构有关技术

人员到现场进行核实：发生一类或疑似一类动物疫病；二类、三类或其他动物疫病呈暴发性流行；已经消灭又发生的动物疫病；新发现的动物疫病。

动物疫情报告的内容要包括：发病时间、地点；染疫、疑似染疫动物数量、同群数量、免疫情况、死亡数量、临床症状、病理变化、诊断情况；流行病学和疫源追踪情况；已采取的控制措施；疫情报告的单位、负责人、报告人及联系方式等。

报告程序：场方兽医发现异常情况后，立即通知监管兽医，监管兽医到场，怀疑可疑时，马上报告县动物疫病预防控制机构。

重大动物疫情需由省级以上兽医行政部门认定，任何单位和个人不得确认疫情并对外公布。

对重大动物疫情不得瞒报、谎报、迟报，也不得授意他人瞒报、谎报、迟报，不得阻碍他人报告。

（四）检疫申报制度

动物检疫工作实行检疫申报制，场方兽医具体负责动物、动物产品的检疫申报工作。

动物出栏，动物产品出售前场方兽医应当向当地动物卫生监督机构申报检疫。

跨省调入乳用、种用动物及其精液、胚胎、种蛋的，场方兽医应当在调运前办理检疫审批手续，同意后方可调运。

场方兽医应当按下列时间申报检疫：种用、乳用动物提前 15 天；供屠宰或育肥的动物提前 3 天；因生产生活特殊需要出售、调运的随时申报检疫。

检疫申报可以采取下列方式：现场申报；电话申报；寄送书面信函；传真申报。

接到检疫申报后，当地动物卫生监督机构对动物、动物产品实施现场检疫，合格后出具检疫证明，凭证出售和运输。

跨省调运的种用、乳用动物，经过一个潜伏期的隔离观察，经

当地动物卫生监督机构检疫合格后方可混群饲养。

（五）无害化处理制度

规模养猪场（小区）应具备无害化处理设施、设备，对养殖过程中病死动物及其排泄物、污染物进行无害化处理。

对病死动物的处理要严格遵循“四不准一处理”的原则，即不准宰杀、不准销售、不准食用、不准转运，全部进行无害化处理。

病死或死因不明动物的无害化处理工作应在当地动物卫生监督机构的监督下进行。

无害化处理应严格按照《病死动物和病害动物产品生物安全处理规程》进行，以焚烧、深埋、化制、消毒盒发酵处理方式为主。

建立无害化处理档案，对无害化处理情况做详细记录。

无害化处理措施以尽量减少损失，保护环境，不污染空气、土壤和水源为原则。

采取深埋的方式进行无害化处理，掩埋场所应远离居民区、水源、泄洪区和交通要道，对污染的饲料、排泄物等物品，也应喷撒消毒剂后与尸体共同深埋。

采用焚烧的方式进行无害化处理时，应符合环保要求。

二、严格引种

必须引进猪只时，在引进前应调查产地是否为非疫区，并有产地检疫证明，不得从疫区引进猪只。需要引进种猪时，应从具有种猪经营许可证的种猪场引进，并严格按照 GB 16567 进行检疫。引进的猪只，至少隔离饲养 30 天，在此期间进行观察、检疫，经兽医检查确定为健康合格后，才可混群饲养。种猪到场 1 周后，应该根据当地的疫病流行情况、本场内的疫苗接种情况和抽血监测情况进行必要的免疫注射。

三、检疫监督

出售或者运输的动物、动物产品经所在地县级动物卫生监督机构的官方兽医检疫合格，并取得《动物检疫合格证明》后，方可离开产地。经检疫不合格的动物、动物产品，由官方兽医出具检疫处理通知单，并监督货主按照农业部规定的技术规范处理。

四、人员管理

动物饲养场、养殖小区应当有与其养殖规模相适应的执业兽医或乡村兽医（图 6–1、图 6–2）；从事动物饲养的工作人员不得患有相关的人畜共患传染病（图 6–3）。

中华人民共和国
执业兽医师资格证书

依照《中华人民共和国动物防疫法》及有关规定，经全国执业兽医资格考试，成绩合格，取得执业兽医师资格，特发此证。

证书编号：
身份证件号：
发证机关：
发证日期：

中华人民共和国农业部印制

图 6–1　执业兽医师资格证书

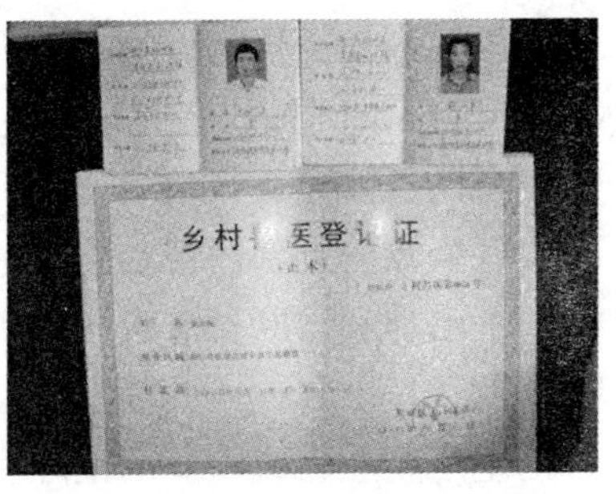

图 6–2　乡村兽医登记证

图 6–3　人员健康证明

五、药物防治

药物防治在于预防或减少传染病或寄生虫病的发生。一个猪场可能发生疫病的种类很多，许多疫病目前已有有效的疫苗，但有些疫病虽有疫苗（如大肠杆菌病、猪气喘病等），但实际应用上还存在一些问题，因此药物防治无疑是一种重要的辅助手段。

（一）常用兽药及使用

生猪疫病以预防为主，应严格按《动物防疫法》的规定防止生猪发病死亡。必要时进行预防、治疗和诊断疾病所用的兽药必须符合《中华人民共和国兽药典》《中华人民共和国兽药规范》《兽药质量标准》《兽用生物制品质量标准》《进口兽药质量标准》和《饲料药物添加剂使用规范》的相关规定。临床兽医和畜禽饲养者应遵守《兽药管理条例》的有关规定使用兽药，应凭专业兽医开具的处方使用经国务院兽医行政管理部门规定的兽医处方药。禁止使用国务院兽医行政管理部门规定的禁用药品。临床兽医和畜禽饲养者进行预防、治疗和诊断畜禽疾病所用的兽药应是来自具有《兽药生产许可证》，并获得农业部颁发的《中华人民共和国兽药 GMP 证书》的兽药生产企业，或农业部批准注册进口的兽药，其质量均应符合相关的兽药国家质量标准。使用兽药时还应遵循以下原则：允许使用消毒防腐剂对饲养环境、厩舍和器具进行消毒，但应符合规定。优先使用疫苗预防动物疾病，但应使用符合“兽用生物制品质量标准”要求的疫苗对生猪进行免疫接种。允许使用《中华人民共和国兽药典》二部及《中华人民共和国兽药规范》二部收载的用于生猪的兽用中药材、中药成方制剂。允许在临床兽医的指导下使用钙、磷、硒、钾等补充药、微生态制剂、酸碱平衡药、体液补充药、电解质补充药、营养药、血容量补充药、抗贫血药、维生素类药、吸附药、泻药、润滑剂、酸化剂、局部止血药、收敛药和助消化药。

禁止将原料药直接添加到饲料及动物饮水中或直接饲喂动物。慎重使用经农业部批准的拟肾上腺素药、平喘药、抗（拟）胆碱药、肾上腺皮质激素类药和解热镇痛药。禁止使用麻醉药、镇痛药、镇静药、中枢兴奋药、化学保定药及骨骼肌松弛药。允许使用的抗菌药和抗寄生虫药，其中治疗药应凭兽医处方购买，还应注意以下几点：严格遵守规定的用法与用量。休药期应遵守规定的时间，表中未规定休药期的品种，休药期不应少于 28 天。

（二）禁止使用的药物

1. 食品动物禁用的兽药及其他化合物清单　2002 年农业部发布了食品动物禁用的兽药及其他化合物清单，禁用清单中收载了 37 种兽药及其他化合物，其中 29 种禁止用于所有食品动物，8 种禁止作为动物促生长用途使用，清单中的兽药均是欧盟等发达国家禁用的品种（表 6–1）。

表 6–1　食品动物禁用的兽药及其他化合物清单

序号	兽药及其他化合物名称	禁止用途	禁用动物
1	β–兴奋剂类：克仑特罗、沙丁胺醇、西马特罗及其盐、酯及制剂	所有用途	所有食品动物
2	性激素类：己烯雌酚及其盐、酯及制剂	所有用途	所有食品动物
3	具有雌激素样作用的物质：玉米赤霉醇、去甲雄三烯醇酮、醋酸甲孕酮及制剂	所有用途	所有食品动物
4	氯霉素及其盐、酯（包括：琥珀氯霉素）及制剂	所有用途	所有食品动物
5	氨苯砜及制剂	所有用途	所有食品动物
6	硝基呋喃类：呋喃唑酮、呋喃它酮、呋喃苯烯酸钠及制剂	所有用途	所有食品动物
7	硝基化合物：硝基酚钠、硝呋烯腙及制剂	所有用途	所有食品动物
8	催眠、镇静类：安眠酮及制剂	所有用途	所有食品动物
9	林丹（丙体六六六）	杀虫剂	所有食品动物

续表 6-1

序号	兽药及其他化合物名称	禁止用途	禁用动物
10	毒杀芬（氯化烯）	杀虫剂、清塘剂	所有食品动物
11	呋喃丹（克百威）	杀虫剂	所有食品动物
12	杀虫脒（克死螨）	杀虫剂	所有食品动物
13	双甲脒	杀虫剂	所有食品动物
14	酒石酸锑钾	杀虫剂	所有食品动物
15	锥虫胂胺	杀虫剂	所有食品动物
16	孔雀石绿	抗菌、杀虫剂	所有食品动物
17	五氯酚酸钠	杀螺剂	所有食品动物
18	各种汞制剂包括：氯化亚汞（甘汞）、硝酸亚汞、醋酸汞、吡啶基醋酸汞	杀虫剂	所有食品动物
19	性激素类：甲基睾丸酮、丙酸睾酮、苯丙酸诺龙、苯甲酸雌二醇及其盐、酯及制剂	促生长	所有食品动物
20	催眠、镇静类：氯丙嗪、地西泮（安定）及其盐、酯及制剂	促生长	所有食品动物
21	硝基咪唑类：甲硝唑、地美硝唑及其盐、酯及制剂	促生长	所有食品动物

注：食品动物是指各种供人食用或其产品供人食用的动物。

2. 禁止在饲料和动物饮用水中使用的药物品种目录

（1）肾上腺素受体激动剂 盐酸克仑特罗、沙丁胺醇、硫酸沙丁胺醇、莱克多巴胺、盐酸多巴胺、西马特罗、硫酸特布他林。

（2）性激素 己烯雌酚、雌二醇、戊酸雌二醇、苯甲酸雌二醇、氯烯雌醚、炔诺醇、炔诺醚、醋酸氯地孕酮、左炔诺孕酮、炔诺酮、绒毛膜促性腺激素（绒促性素）、促卵泡生长激素（尿促性素主要含卵泡刺激素 FSH 和黄体生成素 LH）。

（3）蛋白同化激素 碘化酪蛋白、苯丙酸诺龙及苯丙酸诺龙注

射液。

（4）精神药品　（盐酸）氯丙嗪、盐酸异丙嗪、地西泮（安定）、苯巴比妥、苯巴比妥钠、巴比妥、异戊巴比妥、异戊巴比妥钠、利血平、艾司唑仑、甲丙氨酯、咪达唑仑、硝西泮、奥沙西泮、匹莫林、三唑仑、唑吡旦及其他国家管制的精神药品。

（5）各种抗生素滤渣　抗生素滤渣。

（三）寄生虫控制

1. 常见寄生虫病

（1）猪疥螨病　病猪患部发痒，经常在猪舍墙壁、围栏等处摩擦，经 5～7 天皮肤出现针头大小的红色血疹，并形成脓疱，时间稍长，脓疱破溃、结痂、干枯、龟裂，严重的可致死，但多数表现发育不良，生长受阻。

（2）弓形虫病　病猪精神沉郁，食欲减退、废绝，尿黄便干，体温呈稽留热（40.5℃～42℃），呼吸困难，呈腹式呼吸，到后期病猪耳部、腹下、四肢可见发绀。

（3）猪蛔虫病　成虫寄生在小肠，幼虫在肠壁、肝、肺脏中发育形成一个移动过程，可引发肺炎和肝脏损伤，有的移行到胃内，造成呕吐，剖检时可见蛔虫堵塞肠道。

（4）旋毛虫病　旋毛虫成虫寄生于肠管，幼虫寄生于横纹肌。本虫常呈人猪相互循环，人旋毛虫可致人死亡，感染来源于摄食了生的或未煮熟的含旋毛虫包囊的猪肉。

（5）猪附红细胞体病　主要引起猪（特别是仔猪）高热、贫血、黄疸和全身发红，猪感染可引起死亡，其临床特征是呈现急性黄疸性贫血和全身皮肤发红，故又称红皮病。

2. 常用治疗药物

（1）敌百虫　对猪蛔虫、毛首线虫、食管口线虫、姜片吸虫效果较好，也可用来防治体外寄生虫，如杀螨、灭虱等。先将敌百虫按 1% 浓度制成药液，清洗患部，每天 1 次，连续用 3～4 天。内服可按每千克体重100～120毫克混料，一次内服。

（2）左旋咪唑 一般用于猪蛔虫、猪肺线虫、猪肾虫、猪棘头虫等。口服每千克体重7～10毫克，肌内注射可按7.5毫克/千克体重。

（3）伊维菌素和阿维菌素 0.3毫克/千克体重，一次皮下注射，1周后重复1次效果理想。

（4）吡喹酮 对于猪吸虫、丝虫、线虫均有驱杀作用，对绦虫的成虫及幼虫也有效。猪内服10～15毫克/千克体重。

（5）硫双二氯酚 主要用于猪的姜片吸虫及猪绦虫。猪内服75～100毫克/千克体重。

（四）加强管理及控制药物残留

1. 加强猪饲养管理 根据不同猪的不同生长阶段，加强饲养管理，提高猪的机体抵抗能力，防止猪发生疾病，减少用药机会。

2. 加强兽医卫生管理 加强饲养猪的兽医卫生管理工作，搞好圈舍卫生，改善猪的生存环境。及时清除和处理粪便、更换垫草、清洁圈舍、定期消毒、保持猪体卫生。猪场要符合动物防疫要求，做到地面硬化、粪便易除、光线充足、通风良好、能防暑防寒。

3. 预防猪发生疾病 要坚持预防为主的原则，使用科学的免疫程序、用药程序、消毒程序、病猪处理程序，搞好消毒、驱虫等工作。有的猪传染病只能早期预防，不能治疗，要做到有计划、有目的地适时使用疫（菌）苗进行预防，及时搞好疫（菌）苗的免疫注射，搞好疫情监测，防止猪发生疫病。

4. 及时淘汰患病猪 一旦猪发病，要及早淘汰病猪。必要时可添加作用强、代谢快、毒副作用小、残留最低的非人用药品和添加剂。发生传染病时要根据实际情况及时采取隔离、扑杀等措施，以防疫情扩散。

5. 使用安全无毒药物 要坚持治疗为辅的原则，需要治疗时，在治疗过程中，要做到合理用药，科学用药，对症下药、适度用药，只能使用通过认证的兽药和饲料厂生产的产品，避免产生药物

残留和中毒等不良反应。尽量使用高效、低毒、无公害、无残留的“绿色兽药”。不得滥用药物。

6. 兽医指导规范用药　确有疫病发生时，治疗用药要在兽医人员指导下规范使用，不得私自用药。用药必须有兽医的处方，处方上的每种药必须标明休药期，饲养过程的用药必须有详细的记录。

7. 要有用药情况记录　要对免疫情况、用药情况及饲养管理情况进行详细登记，必须按照兽药的使用对象、使用期限、使用剂量及休药期等规定严格使用兽药。遵守用药规定，及时停药。必须填写“用药登记”，其内容至少包括用药名称、用药方式、剂量、停药日期，并将处方保留 5 年作证据。

8. 严禁使用违禁药物　饲养猪过程中要严格用药管理，严格执行国家有关饲料、兽药管理的规定，严禁在饲养过程中使用国家明令禁止使用的药物，不得将人、畜共用的抗菌药物作饲料添加剂使用，宰前按规定停药。对允许使用的药物要按要求使用，并严格遵守休药期的规定。

9. 正确使用猪饲料　要按照不同猪、不同的生长阶段，正确使用猪饲料，保证原料安全，要保证所选作饲料的作物无残毒。要应用微生态制剂、低聚糖、酶制剂、酸制剂、防腐剂、中草药等绿色添加剂。不应将含药的前、中期饲料错用于动物饲养后期，不得将成药或原料药直接拌料使用，不得在饲料中自行再添加药物或含药饲料添加物。

10. 定期进行药残监测　在饲养猪的整个过程中，要定期对水样、饲料、生猪粪便、血样及有关样品进行药物残留监测，及时掌握用药情况，以便正确采取措施，控制药物残留。

11. 按时停止使用药物　要严格遵守药物的休药期。按照有关规定要求，根据药物及其休药期的不同，在猪出栏或屠宰前，或其产品上市前及时停药，以避免残留药物污染猪及其产品，进而影响人体健康。

12. 适时出栏　饲养猪，要做到适时出栏，必须在规定停药期后上市，在休药期未到时，不得出售。

六、杀虫和灭鼠

（一）杀　虫

猪场杀虫是一件很有必要去做的事情，可采用喷洒药物，投放苍蝇诱饵，使用黏蝇板、黏蝇带和杀虫灯等捕蝇器。

1. 喷洒药物　用药水对墙壁、顶棚、栏杆以及其他苍蝇会停留的地方进行彻底喷洒，要喷到药水可以在喷洒表面流动的程度。为了把抗药性降到最低，确保灭蝇成功，不应在整个季节内重复使用有效成分相同或相近的杀虫剂。喷洒时注意不要污染饲料、饮水或器具，最好不要直接对着生猪喷洒。

2. 苍蝇诱饵　可在舍内苍蝇聚集的位置分散布置，作为减少苍蝇数量的临时措施。一定注意诱饵不要放在猪可能吃到的地方。可将诱饵放在窗台或门口等苍蝇聚集的地方。仅靠诱饵无法有效控制苍蝇数量，需与杀虫剂以及其他卫生措施相结合才可以。

3. 捕蝇器　用装有诱饵的捕蝇器可杀灭大量苍蝇，但捕蝇器不会显著减少苍蝇的总数。电击式捕蝇器可以减少附近圈舍的苍蝇数量（图 6–4）。

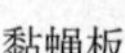

黏蝇板

黏蝇带

杀虫灯

图 6–4　捕蝇器

（二）灭　鼠

猪场可采用器械和药物等措施，将猪场的鼠害程度降到最低（图 6–5）。还可以请专业的灭鼠机构承包灭鼠工作，高效快捷。有条件的养猪场，还应增设防鼠设施。

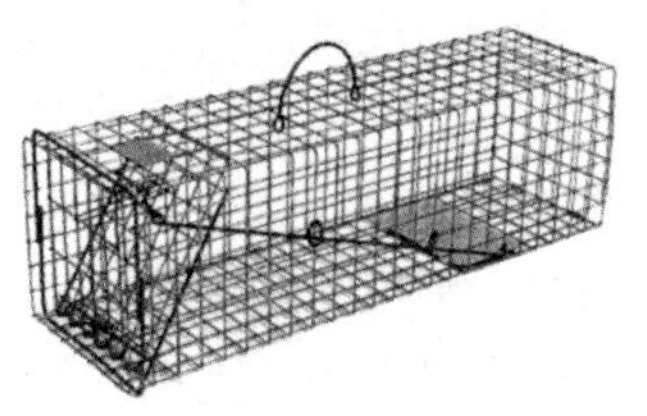

图 6–5　捕 鼠 笼

七、活猪运输

生猪起运前，必须做好准备，最主要的是制订好运输计划，拟定运输路线，选定沿途喂食、饮水、补充饲料。处理病猪和清除粪便的适当地点；根据气候等条件配备防雨设备，携带饲养、清洁和照明等必需的用具，以及消毒和急救的药品，临时修补的用具等；在起运前 1 小时，可给生猪饮水 1 次。

（一）检　疫

屠宰、出售或者运输动物及出售或者运输动物产品前，货主应当按照国务院兽医主管部门的规定向当地动物卫生监督机构申报检疫。动物卫生监督机构接到检疫申报后，应当及时指派官方兽医对动物、动物产品实施现场检疫；检疫合格的，出具检疫证明、加施检疫标志。实施现场检疫的官方兽医应当在检疫证明、检疫标志上签字或者盖章，并对检疫结论负责。屠宰、经营、运输及参加展览、演出和比赛的动物，应当附有检疫证明；经营和运输的动物产品，应当附有检疫证明、检疫标志。经铁路、公路、水路、航空运输动物和动物产品的，托运人托运时应当提供检疫证明；没有检疫证明的，承运人不得承运。运载工具在装载前和卸载后应当及时清洗、消毒。输入到无规定动物疫病区的动物、动物产品，货主应当按照国务院兽医主管部门的规定向无规定动物疫病区所在地动物卫生监督机构申报检疫，经检疫合格的，方可进入。跨省、自治区、直辖市引进乳用动物、种用动物及其精液、胚胎、种蛋的，应当向输入地省、自治区、直辖市动物卫生监督机构申请办理审批手续，并依照法律规定取得检疫证明。跨省、自治区、直辖市引进的乳用动物、种用动物到达输入地后，货主应当按照国务院兽医主管部门的规定对引进的乳用动物、种用动物进行隔离观察。经检疫不合格的动物、动物产品，货主应当在动物卫生监督机构监督下按照国务院兽医主管部门的规定处理，处理费用由货主承担。

（二）减少运输损耗

生猪在运输中的损耗问题，应该引起重视。可根据运输方式、运输车辆、运途长短等情况，分别采取不同的措施。

①选择驾驶经验丰富、车况好的车辆运输。这样才能保证生猪快速安全到达目的地，缩短运输时间，减少生猪由于长途疲劳和应激反应而造成自身损耗过大。

②装车前最好饮用一些维生素 C、葡萄糖粉，这样可以减少运输途中的应激反应，还可以减少应激反应综合征（PSE）的发生频率。

③待运生猪应空腹，如果吃得过饱，猪在运输途中由于颠簸而相互挤压，导致胃、肠等内脏器官损伤出血而造成死亡。

④装车时，将待运猪群先集中到待运圈内，打开栏门，在装猪台的坡道上撒料诱导，并从圈内加以驱赶，这样可以安全顺利地装车。

⑤装车时，不要装载过多，以免猪只因相互挤压、踩踏而造成受伤或死亡。现在有专门运输的车辆，有双层和三层，每一层都有隔栏，隔成几小块，每小块能装 4～6 头猪，这样既能避免拥挤，又便于计数，还利于养猪户合租一辆车运输。

⑥夏季运输中应注意防暑降温。由于猪皮薄、毛稀、脂肪厚，既不耐热又容易被太阳灼伤，因此最好选在傍晚装车，夜间行车，装车后立即向猪身上洒水，途中要勤停车洒水，使猪群降温防止中暑。

⑦冬季要注意防寒保暖，可以早上装车，白天行车。装车前，

车厢或笼子里垫上稻草，装完后可在车厢前罩上棚布，这样可以减少在行驶途中冷风的刺激。

⑧在运输中，押运员要勤下车检查，看是否有被压在下面的猪，如果有，则应立即把上面的猪赶开，让该猪站起来，千万不能让猪把头压在其他猪身下，否则会窒息而死。尤其是在运输途中前 2 小时要勤下车查看。

（三）注意事项

在运输途中，发现病、死猪和严重的外伤猪时，应及时卸交沿途有关单位处理，如沿途无接收单位，应把病伤猪尽可能与其他生猪隔离，并对车（船）内进行消毒，死猪的尸体可用干草遮盖，上面喷洒药水，以防传染，不得随便乱丢。到终点后迅速卸交接收单位处理。严禁押运人员随地急宰或抛弃死猪，以防传播疫病。

如生猪发生传染病，应暂停运输并立即通知当地农牧部门，会同地方兽医检疫机构，妥善处理，车、船上的一切设备和粪便就地消毒处理。病猪经兽医人员鉴定后，根据病情分别处理，严重者就地扑杀，其他同群生猪可转运至附近屠宰场整批屠宰。

任何运输工具，在生猪装卸前后均须进行清洗和消毒，装卸车辆的月台，每次使用后均须消毒。常用的消毒药液有含 2%～3% 有效氯的漂白粉混悬液、0.5% 过氧乙酸等（图 6–6）。

图 6–6　运猪车消毒

第七章

猪病诊断和处理

养猪场应根据国家有关规定以及周边地区疫病流行状况，对口蹄疫、猪水疱病、猪瘟、猪繁殖与呼吸障碍综合征、乙型脑炎、猪丹毒、猪囊尾蚴病、猪旋毛虫病、猪链球菌病、伪狂犬病、布鲁氏菌病、结核病等动物疫病进行常规监测。养猪场应接受并配合当地动物疫病预防控制机构定期或不定期的采样监测等工作。

一、猪病病种名录

根据 2008 年 12 月 11 日农业部发布的一、二、三类动物疫病病种名录，有关猪病的一、二、三类动物疫病种情况如表 7–1。

二、巡查发现生猪疾病

养猪场（户）主和有关人员，应每天查看猪群的采食、饮水、粪便、尿液、精神状况等，发现异常情况及时向村级防疫员或乡镇动物防疫站报告；必要时，可以请执业兽医帮助进行诊治。

看精神状态：健康猪尾巴不停地摇摆，且能迅速灵敏地对外界刺激做出反应，行动活泼，健康的成年猪贪食好睡，若给予食物则应声而来，饱食后卧地嗜睡，遇有生人接近，立即起立，举目观看，不断摇尾。若精神萎靡，动作呆滞，常卧地不起，拒绝饮食，背脊发硬，行走摇摆、头尾下垂等，则可能是病猪。

表 7–1　猪病病种名录

类　别	畜　种	病　种
一类动物疫病（17 种）	猪病（5 种）	口蹄疫、猪水疱病、猪瘟、非洲猪瘟、高致病性猪蓝耳病
二类动物疫病（77 种）	多种动物共患病（9 种）	狂犬病、布鲁氏菌病、炭疽、伪狂犬病、魏氏梭菌病、副结核病、弓形虫病、棘球蚴病、钩端螺旋体病
	猪病（12 种）	猪繁殖与呼吸综合征（经典猪蓝耳病）、猪乙型脑炎、猪细小病毒病、猪丹毒、猪肺疫、猪链球菌病、猪传染性萎缩性鼻炎、猪支原体肺炎、旋毛虫病、猪囊尾蚴病、猪圆环病毒病、副猪嗜血杆菌病
三类动物疫病（63 种）	多种动物共患病（8 种）	大肠杆菌病、李氏杆菌病、类鼻疽、放线菌病、肝片吸虫病、丝虫病、附红细胞体病、Q 热
	猪病（4 种）	猪传染性胃肠炎、猪流行性感冒、猪副伤寒、猪密螺旋体痢疾

看采食饮水：健康猪食欲旺盛，争先恐后地抢食吃，大口吞食，并发出有节奏、清脆的嘎声响，吃食有力，时间不长腹部即圆满，离槽自由活动。如食欲突然减退，吃食习惯反常，甚至停食，且出现无规律或饮水量过大及不饮水，则可能是病猪。

看皮毛：健康猪皮肤光滑圆润，肌肉丰满，猪毛光泽润滑，无皮屑。若皮肤有肿胀、溃疡、红斑、烂斑及小结节，猪毛粗硬而缺乏弹性、且杂乱无章，则可能是病猪。

看眼睛：健康猪眼睛明亮有神。若眼睛无神，昏暗，有泪，眼眵过多，眼结膜充血潮红等，则可能是病猪。

看鼻镜：健康猪鼻镜湿润。若鼻镜干燥，且鼻孔内有大量黏液溢出，则可能是病猪。

看呼吸：健康猪正常呼吸每分钟 10～20 次。如果呼吸困难，腹式呼吸过快或过慢均为不正常现象，则可能是病猪。

看粪便：健康猪粪便柔软湿润，呈圆锥状，没有特殊气味。若粪便干燥、硬固、量少，多为热性病；粪便稀薄如水或呈稀泥状，排粪次数明显增多，或大便失禁，多为肠炎、肠道寄生虫感染；仔猪排出灰白色、灰黄色或黄绿色水样粪便并带腥臭味，为仔猪白痢、猪瘟、猪丹毒、猪肺疫等传染病，粪便中常混有黏液、脓液及血液等。

看肛门：健康猪肛门干净无粪便。如发现猪肛门及周围，甚至尾巴沾有稀粪，或肛门脱落，则可能是病猪。

看尿液：健康猪尿液无色透明，无异常气味。如果尿液少且黄稠，则可能是病猪。

听声音：健康猪叫声宏亮。如果叫声嘶哑，则可能是病猪。

三、采样前的准备工作

采样前的准备工作主要有几下几点。

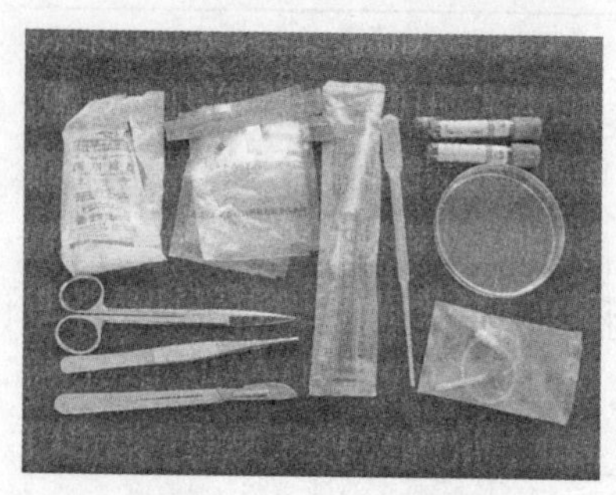

图 7-1　采样器具准备

器具的准备：保温箱或保温瓶，酒精棉，碘酊棉，注射器及针头。容器及辅助器材：小青瓶、平皿、离心管、自封袋，及胶布、封口膜、封条、冰袋等（图 7-1）。

器具的消毒：器皿用水洗净后，放于水中煮沸 10～15 分钟，凉干备用。注射器和针头放于水中煮沸 30 分钟。一般要求使用“一次性”针头和注射器。

防护用品：口罩、乳胶手套、防护服、防护帽、胶靴等。

四、样品的采集

（一）血样采集

1. 耳静脉采血 适用于猪少量采血。操作步骤：将猪站立或横卧保定，或用保定器具保定。耳静脉局部按常规消毒处理。一人用手指捏压耳根部静脉血管处，使静脉充盈、怒张（或用酒精棉反复局部涂擦以引起其充血）。术者用左手把持耳朵，将其托平并使采血部位稍高。右手持连接针头的采血器，沿静脉管使针头与皮肤呈 30°～45° 角，刺入皮肤及血管内，轻轻回抽针芯，如有回血即证明已刺入血管，再将针管放平并沿血管稍向前伸入，抽取血液（图 7–2、图 7–3）。

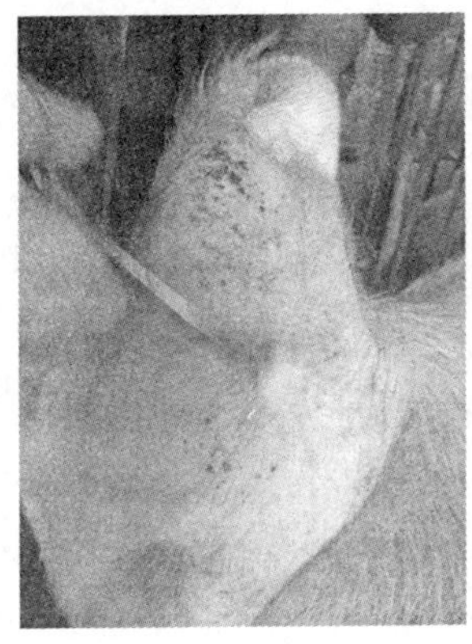

图 7–2 采血前消毒

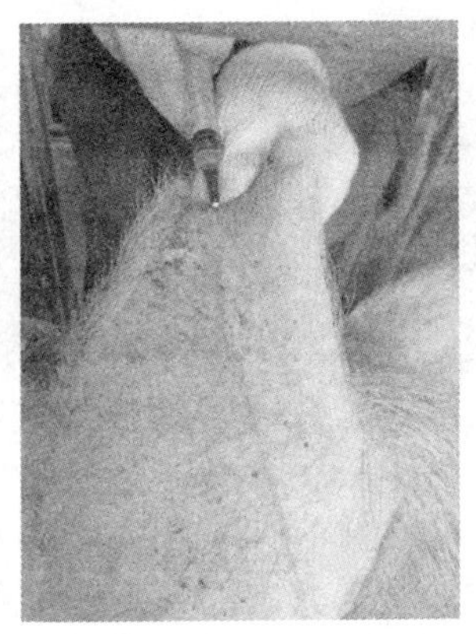

图 7–3 耳静脉采血

2. 前腔静脉采血 适用于猪大量采血。操作步骤：仰卧保定，把前肢向后方拉直。选取胸骨端与耳基部的连线上胸骨端旁开 2 厘米的凹陷处，消毒。用装有 20 号针头的注射器刺入消毒部位，针刺方向为向后内方与地面呈 60°角刺入 2～3 厘米，当进入约 2 厘米时可一边刺入一边回抽针管内芯；刺入血管时即可见血进入管内，采血完毕，局部消毒（图 7–4）。

血液采集完毕后，应及时离心分离血清（图 7–5）。

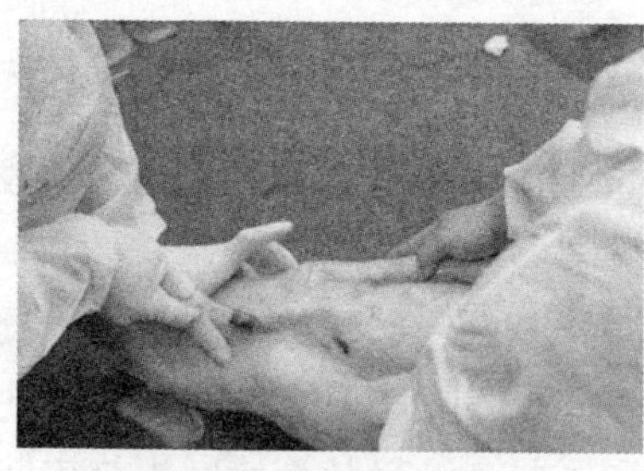

图 7–4 前腔静脉采血

图 7–5 离心血样

（二）分泌物采集

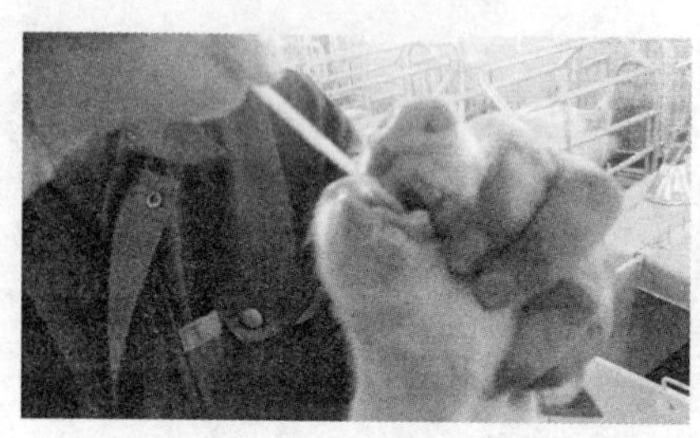

图 7–6 猪咽拭子采集

1. 猪鼻腔拭子、咽拭子采集 器材准备：灭菌 1.5 毫升离心管、记号笔、灭菌剪刀、灭菌棉拭子、保存液等。采样：每个灭菌离心管中加入 1 毫升样品保存液；用灭菌的棉拭子在鼻腔或咽喉转动至少 3 圈，采集鼻腔、咽喉的分泌物；蘸取分泌物后，立即将拭子浸入保存液中，剪去露出部分，盖紧离心管盖，做好标记，密封低温保存（图 7–6）。

2. 粪便样品采集

（1）用于病毒检验的粪便样品采集 器材准备：灭菌棉拭子、灭菌试管、pH 值 7.4 的磷酸缓冲液、记号笔、乳胶手套、压舌板等。采样方法：少量采集时，以灭菌的棉拭子从直肠深处蘸取粪便，并立即投入灭菌的试管内密封，或在试管内加入少量磷酸缓冲液后密封；采集较多量的粪便时，可将生猪肛门周围消毒后，用器

械或用带上胶手套的手伸入直肠内取粪便，也可用压舌板插入直肠，轻轻用力下压，刺激排粪，收集粪便。所收集的粪便装入灭菌的容器内，经密封并贴上标签；样品采集后立即冷藏或冷冻保存。

（2）**用于细菌检验的粪便样品采集**　采样方法与供病毒检验的方法相同。但采集的样品最好是在生猪使用抗菌药物之前的，从直肠采集新鲜粪便。粪便样品较少时，可投入生理盐水中；较多量的粪便则可装入灭菌容器内，贴上标签后冷藏保存。

（3）**用于寄生虫检验的粪便样品采集**　采样方法与供病毒检验的方法相同。应选新鲜的粪便或直接从直肠内采得，以保持虫体或虫体节片及虫卵的固有形态。一般寄生虫检验所用粪便量较多，需采取适量新鲜粪便，并应从粪便的内外各层采取。粪便样品以冷藏不冻结状态保存。

3. 脓汁采集　器材准备：灭菌棉拭子、灭菌注射器、记号笔、灭菌离心管、灭菌剪刀等。样品要求：做病原菌检验的，应在未用药物治疗前采取。采集已破口脓灶脓汁，宜用灭菌棉拭子蘸取，置入灭菌离心管中，剪去露出部分，盖紧离心管盖，做好标记。密封低温保存。未破口脓灶，用灭菌注射器抽取脓汁，密封低温保存。

（三）活体样品采集

从活体采集扁桃体样品时，应使用专用扁桃体采集器。先用开口器开口，可以看到突起的扁桃体，把采样钩放在扁桃体上，快速扣动扳机取出扁桃体样品放离心管中，冷藏送检（图 7–7）。

（四）尸体样品采集

根据检测要求，对病死猪组织样品分别采集（图 7–8）。

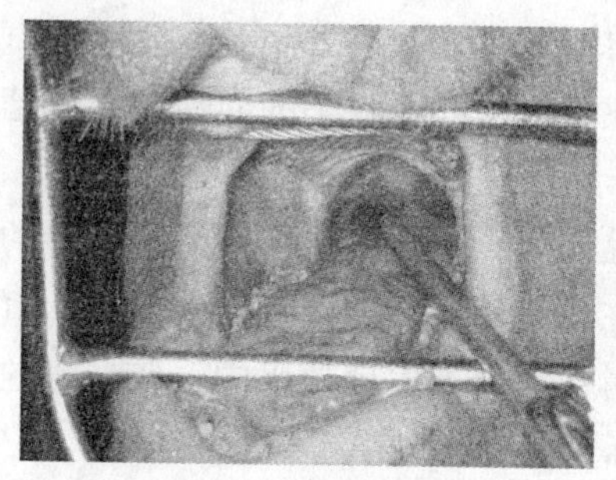

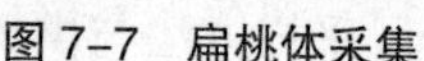
图 7–7 扁桃体采集

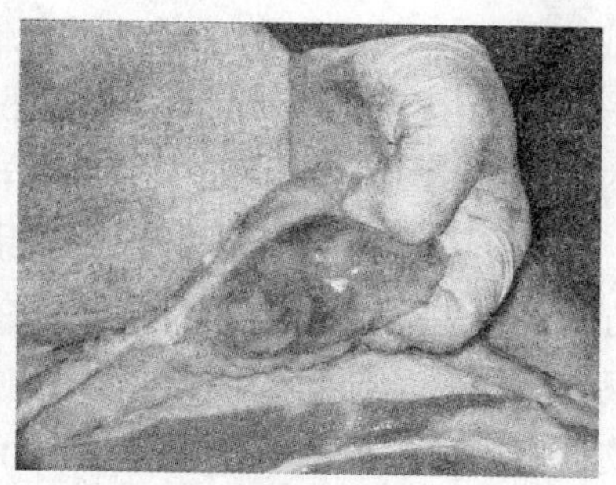

图 7–8 尸体组织样品采集

（五）样品记录、保存、包装和运输

1. 采样记录 采样同时填写采样单，包括场名、畜种、日龄、联系人、电话、规模、采样数量、样品名称、编号、免疫情况、临床表现、既往病史等。采样单应用钢笔或签字笔逐项填写（一式三份），样品标签和封条应用签字笔填写，保温容器外封条应用钢笔或签字笔填写，小塑料离心管上可用记号笔做标记（图 7–9）。

2. 样品包装要求 装在样品的容器可选择玻璃的或塑料的，容器必须完整无损，密封不漏出液体。玻璃容器在装入样品后必须加盖，然后用胶布或封箱胶带固封，如是液态样品，在胶布或封箱胶带外还须用熔化的石蜡加封。如果选用塑料袋，则应用两层袋，分别结扎袋口。每个样品应单独包装，在样品袋或平皿外粘贴标签，标签应注明样品名、样品编号、采样日期等（图 7–10）。

3. 样品的保存 如远距离送检，可在血清中加入青霉素、链霉素防腐败。病理组织病料通常使用 10% 甲醛溶液固定保存，冬季为防止冰冻可用 90% 酒精，固定液用量以浸没固定材料为宜。

4. 样品的运送 所采集的样品以最快最直接的途径送往实验室。如果样品能在 24 小时内送抵实验室，可放在 4℃左右的容器中运送。只有在 24 小时内不能送检的情况下，才可把样品冷冻，并以此状态运送。根据试验需要决定样品是否放在保存液中运送（图 7–11）。

图 7-9　标记采样管

图 7-10　包装后的样品

图 7-11　保温瓶保存运送样品

五、疾病诊断

（一）临床检查

临床检查的目的在于发现并收集作为诊断根据的症状等资料。临床检查要点：视诊，听诊，触诊，测定体温、脉搏及呼吸数等生理指标，细致检查猪体各部位及内脏器官。

（二）流行病学调查

流行病学调查是通过问诊和查阅有关资料或深入现场，对病猪和猪群、环境条件及发病情况和发病特点等的调查。流行病学调查要点：详细询问了解发病现状，既往病史及疫情，防疫情况及效果，饲养、管理、环境卫生情况。

（三）病理学检查

病理学检查是一种对病死猪进行剖检，用肉眼或显微镜检查各器官及其组织细胞的病理变化。病理学检查要点：外观检查，尸体解剖，病理检查。

（四）实验室检查

实验室检查是应用微生物学、血清学、寄生虫学、病理组织学

等实验手段进行疫病检验，为猪病确诊提供科学依据。实验室检查包括：常规实验室检验，病理组织学检查，病原体检查，血清学检查。

六、疫病处理

（一）一般疫病处理

猪群发病时，应先确诊是什么病，对一般猪病可采用药物治疗的方法，应针对致病的原因确定用什么药物，严禁不经确诊就盲目投药，在给药前应先了解所选药物的内含成分，同时应注意药物内含成分的有效含量，避免治疗效果很差或发生中毒。

（二）疫情处理

1. 疫情报告 从事动物饲养的单位和个人（动物疫情责任报告单位和个人），发现动物染疫或者疑似染疫的，应当立即向当地兽医主管部门、动物卫生监督机构或者动物疫病预防控制机构报告，并采取隔离等控制措施，防止动物疫情扩散（图 7–12）。动物疫情责任报告单位和个人，向当地兽医主管部门、动物卫生监督机构或者动物疫病预防控制机构报告。相关单位和个人可以是电话报告；到当地兽医主管部门、动物卫生监督机构或者动物疫病预防控制机构的办公地点找有关人员报告；也可以采用传真、书面报告等。动物疫情报告实行方便报告人的原则，即由报告人选择向其中的 1 个机构报告，而不是向 3 个机构都报告。动物疫情责任报告单位和个人，除可以向当地的县（市、区）级以上兽医主管部门、动物卫生监督机构或者动物疫病预防控制机构报告外，还可以向其乡镇或特定区域的派出机构（乡镇动物防疫站等）报告。接到疫情报告的乡镇或特定区域的派出机构，应立即向当地兽医主管部门、动物卫生监督机构或者动物疫病预防控制机构报告。

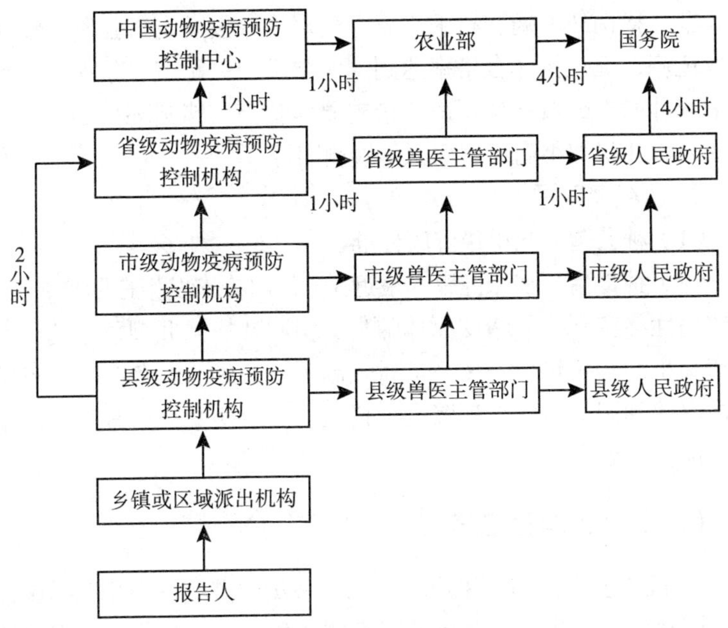

图 7-12　疫情报告流程图

2. 疫情处理　确诊发生国家或地方政府规定应采取扑杀措施的疫病时，养猪场必须配合当地兽医行政管理部门，对发病猪群采取严格的封锁、隔离、扑杀、消毒、无害化处理等措施。疫区内有关单位和个人，应当遵守县级以上人民政府及其兽医主管部门依法作出的有关控制、扑灭动物疫病的规定。任何单位和个人不得藏匿、转移、盗掘已被依法隔离、封存、处理的动物和动物产品。

七、种猪场疫病监测净化

（一）种猪健康标准

1. 甲级健康　临床健康；最近 6 个月内，未发生口蹄疫、猪瘟、高致病性猪蓝耳病、经典猪蓝耳病、猪支原体肺炎、猪圆环病

毒Ⅱ型、猪伪狂犬病和猪细小病毒病疫情；按规定对强制免疫病种进行免疫，免疫抗体合格率达到国家要求；口蹄疫、猪瘟、高致病性猪蓝耳病、经典猪蓝耳病、猪支原体肺炎、猪圆环病毒Ⅱ型、猪伪狂犬病和猪细小病毒病病原学检测阴性。

2. 乙级健康

（1）**种公猪** 同甲级健康标准。

（2）**种母猪** 临床健康；最近3个月内，未发生口蹄疫、猪瘟、高致病性猪蓝耳病、猪支原体肺炎、猪圆环病毒Ⅱ型、猪伪狂犬病和猪细小病毒病疫情；按规定对强制免疫病种进行免疫，免疫抗体合格率达到国家要求；口蹄疫、猪瘟、高致病性猪蓝耳病病原学检测阴性。

（二）有关净化措施

1. 技术要求 通过采取"检测—淘汰—监测—净化"措施，针对不同猪场的具体情况分别开展不同病种的净化工作，对野毒感染猪群进行扑杀或淘汰，对假定阴性猪群实施高密度普免，同时加强消毒和提高管理水平。总体技术要求如下。

（1）**隔离场/区的准备** 为减少淘汰损失和防止交叉感染，种猪场必须配套有一个单独的、距离猪场核心区500米以上的隔离场/区，以隔离阳性猪。

（2）**猪场配套的管理措施** 参与净化的种猪场具有严格的防疫体系，采用自繁自养的原则，实施全进全出制度，及时淘汰清群，空舍清洗消毒等生产管理制度。对净化猪群补充新的种猪进行严格控制管理，实行严格隔离和检测，确保其不带入病原方可进入猪场。

（3）**对净化猪群实施疫苗免疫、疫病监测** 疫病净化猪群建立后，按照规定对猪群进行程序免疫，并定期进行疫病监测，以维持净化猪群的健康生产。

（4）**定期对净化种猪群进行抽样检测，并对其子代进行跟踪监测** 详细统计净化猪群各项生产指标，开展净化群体净化效果的

评价。

2. 净化措施　不同种猪场，由于疫病情况、饲养管理等情况差别较大，不同病种采取的净化措施可能不一样，所以应根据本场的实际情况分别采取不同措施。主要包括以下几个方面。

（1）流行病学调查　开展流行病学调查，全面掌握了解需要净化病种在本场种猪群中的流行特点和规律，结合本场实际制定净化方案。

（2）加强免疫　各场根据各自实际，加强对主要疫病的免疫，并根据抗体检测结果制定科学合理的免疫程序，提高免疫保护水平。

（3）加强疫病监测　加强对主要疫病的血清学和病原学监测，及时掌握猪群免疫抗体和疫病感染动态，科学调整免疫程序。对阳性猪进行淘汰和无害化处理，同群猪隔离观察，定期复查，阴性猪继续开展监测工作。

（4）严格检疫　积极隔离、淘汰病原学检测阳性（包括非免疫血清学检测阳性）的种猪，建立健康的核心种猪群。

（5）落实生物安全措施　多点式、分阶段、全进全出的饲养管理；猪场选址科学，周边环境良好；依猪场地势、风向，合理布局生活区、管理区、生产区和隔离区；建立有完善有效的围墙、围栏；有严格的外来车辆、人员进出管理制度；有行之有效的害虫、蚊蝇、老鼠、野生动物控制方案；有完善的场内污水、垃圾和废弃物的处理措施；建立种猪引种隔离检疫舍和病猪隔离栏舍；有完善的防疫消毒、紧急状态的隔离制度和病死猪尸体的处理方案；有病死猪无害化处理场所及相关设施设备；良好的猪舍内部环境和先进的养殖、管理技术。

（6）管理制度　制定比较完善的各项防疫管理制度和生产管理制度、操作规程等。

参考文献

[1] 王振来. 猪场防疫消毒技术图解 [M]. 北京：金盾出版社，2014.

[2] 范京惠. 养殖场消毒技术 [M]. 北京：中国农业出版社，2012.

[3] 孙继国，袁万哲. 猪场常用疫苗及免疫技术 [M]. 北京：中国农业出版社，2012.

[4] 王振来，路广计，钟艳玲. 养猪场生产技术与管理 [M]. 北京：中国农业大学出版社，2010.

[5] 王振来，杨秀女，钟艳玲. 无公害农产品高效生产技术丛书—生猪 [M]. 北京：中国农业大学出版社，2005.

[6] 钟艳玲，张铁闯，逯纪成. 养猪场生产技术问答 [M]. 北京：中国农业大学出版社，2003.

[7] 郭世宁，李继昌. 家畜无公害用药新技术 [M]. 北京：中国农业出版社，2003.

[8] 杨增歧. 猪无公害防疫新技术 [M]. 北京：中国农业出版社，2003.

[9] 徐百万. 动物免疫采样与监测技术手册 [M]. 北京：中国农业出版社，2007.

[10] 安建，张穹，尹成杰. 中华人民共和国动物防疫法释义 [M]. 北京：中国农业出版社，2007.